普通高等教育"十三五"规划教材

环境工程实验

主　编　潘大伟　金文杰
副主编　吕文杰　于　程
参　编　方志刚　黄广跃　张　路
　　　　全艳玲　回　进　艾　天

北　京

冶金工业出版社

2019

内 容 提 要

本书在阐述实验设计、误差与实验数据处理知识和采样技术的基础上，详细介绍了与环境监测、环境微生物、水污染控制工程、大气污染控制工程、噪声控制工程、固体废物处理工程相对应的实验项目共 34 个，教师可根据本校对实验项目的具体要求，适当取舍。

本书为高等学校环境工程专业教材，也可供相关专业的研究生和工程技术人员参考。

图书在版编目(CIP)数据

环境工程实验/潘大伟，金文杰主编．—北京：冶金工业出版社，2019.8

普通高等教育"十三五"规划教材

ISBN 978-7-5024-8178-0

Ⅰ.①环… Ⅱ.①潘… ②金… Ⅲ.①环境工程—实验—高等学校—教材 Ⅳ.①X5-33

中国版本图书馆 CIP 数据核字(2019)第 155527 号

出 版 人　谭学余

地　　址　北京市东城区嵩祝院北巷 39 号　邮编　100009　电话　(010)64027926

网　　址　www.cnmip.com.cn　电子信箱　yjcbs@cnmip.com.cn

责任编辑　高　娜　宋　良　美术编辑　吕欣童　版式设计　孙跃红　禹　蕊

责任校对　石　静　责任印制　李玉山

ISBN 978-7-5024-8178-0

冶金工业出版社出版发行；各地新华书店经销；三河市双峰印刷装订有限公司印刷

2019 年 8 月第 1 版，2019 年 8 月第 1 次印刷

148mm×210mm；6.5 印张；191 千字；200 页

20.00 元

冶金工业出版社　投稿电话　(010)64027932　投稿信箱　tougao@cnmip.com.cn

冶金工业出版社营销中心　电话　(010)64044283　传真　(010)64027893

冶金工业出版社天猫旗舰店　yjgycbs.tmall.com

(本书如有印装质量问题，本社营销中心负责退换)

前　言

　　环境工程专业是一个涉及理学和工学多学科交叉的专业，其实践教学环节在大学本科教学中占有十分重要的地位。近年来，环境工程、环境科学等学科长足发展，对教学内容和要求不断提高，尤其是实验教学对培养学生基础能力、实践能力、应用能力和创新能力提出了更高要求。"环境工程实验"是环境工程专业实践教学的重要组成部分。本书在总结环境工程专业课程设置特点的基础上，增加了实验设计、误差与试验数据处理、采样技术等内容，同时将环境监测实验、环境微生物学实验、水污染控制工程实验、大气污染控制工程实验、噪声控制工程实验、固体废物处理工程实验等内容系统地结合起来，合理调整基础型实验、综合设计型实验的层次比例，着重体现了实验体系的基础性、实际应用的现实性和科技创新的动态性。

　　本书在实验项目的选择上，注意突出科研促进教学的特点，追求实验项目的科学性、准确性和实用性；内容编排利于巩固基础、加强实践、发展创新，注重学生基础素质、科研能力、工程应用能力和创新能力的培养，体现环境工程专业的实验特色。

　　本书的出版，得到了辽宁科技大学教材建设基金的资助。

　　由于编者水平有限，书中不足之处，诚请读者批评指正！

编　者

2019 年 5 月

目　　录

绪论……………………………………………………………………… 1

第一章　实验设计 ……………………………………………………… 3

第二章　误差与实验数据处理 ………………………………………… 18

第三章　采样技术 ……………………………………………………… 29

第四章　实验项目 ……………………………………………………… 52

实验一　色度的测定 ………………………………………………… 52

实验二　溶解氧（DO）的测定（碘量法）………………………… 55

实验三　化学需氧量的测定 ………………………………………… 60

实验四　滴定法测定水样中的氨氮 ………………………………… 64

实验五　二苯碳酰二肼分光光度法测定水样中六价铬 …………… 68

实验六　混凝实验 …………………………………………………… 72

实验七　吸附、氧化、混凝联合深度处理工业废水实验 ………… 79

实验八　污泥沉降比和污泥指数的测定实验 ……………………… 83

实验九　污泥比阻的测定 …………………………………………… 86

实验十　挥发性酚类的测定（4-氨基安替比林

　　　　直接光度法）………………………………………… 90

实验十一　矿物油的测定 …………………………………………… 96

实验十二　冷原子荧光法测定水样中痕量汞 …………………… 100

实验十三　芬顿氧化法处理难降解工业废水实验 ……………… 104

实验十四　铁炭微电解法处理晚期垃圾渗滤液实验 …………… 109

实验十五　工业废水光催化反应设计实验 ……………………… 114

实验十六　区域环境噪声监测 …………………………………… 118

实验十七　工业企业厂界噪声监测 ……………………………… 127

实验十八　交通噪声监测 ………………………………………… 130

实验十九　大气中氮氧化物的测定（盐酸萘乙二胺
　　　　　比色法） ……………………………………… 132

实验二十　碱液吸收气体中的二氧化硫实验 …………………… 136

实验二十一　光学法测定粉尘粒径 ……………………………… 140

实验二十二　比重瓶真空法测定粉体真密度 …………………… 146

实验二十三　显微镜的使用和染色技术 ………………………… 150

实验二十四　血球计数法 ………………………………………… 159

实验二十五　培养基的制备和灭菌技术 ………………………… 163

实验二十六　接种、纯种分离技术 ……………………………… 170

实验二十七　细菌菌落总数的测定 ……………………………… 173

实验二十八　固废处理——非挥发性固体废物浸出
　　　　　　毒性浸出方法 …………………………………… 175

实验二十九　固废处理——铁尾矿制备盐碱土改良
　　　　　　球团实验 ………………………………………… 178

实验三十　固废处理——电动修复铬污染土壤实验 …………… 181

实验三十一　固废处理——摇床分选 …………………………… 187

实验三十二　固废处理——磁力分选 …………………………… 190

实验三十三　固废处理——浮选实验 …………………………… 192

实验三十四　固废处理——废镁砖回收处理氮磷废水实验 …… 195

参考文献 …………………………………………………………… 200

绪　　论

一、教学目的、内容及任务

近年来，环境工程、环境科学等学科长足发展，新理论、新技术不断涌现，对教学内容的要求不断提高，尤其是实验教学对培养学生基础能力、应用能力和创新能力提出了更高的要求。编写本书的目的，在于巩固专业基础、加强实践、发展创新，注重学生基础素质、科研能力、工程应用能力和创新能力的培养。在具体的实验项目选择上，突出科研促进教学，融合行业需求和特点，结合近年来环境工程领域的最新科研成果和教学经验，遴选适合学生实验的教学实验项目，在实验技术、方法和手段上，采用先进的实验技术、实验方法与手段，提升学生实践能力，掌握学科发展的动态，建立工程实践和学以致用的思维方式。

"环境工程专业实验"是为环境工程专业所学《环境监测》《水污染控制工程》《大气污染控制工程》《固体废弃物处理工程》《噪声控制工程》《环境化学》《环境工程微生物》等专业课程设计的实验课程，侧重培养与训练环境工程专业学生从事环境监测、水污染处理、大气污染处理、噪声控制、固体废弃物处理等工作的基本能力，是环保各项科学研究及环保工作的重要实践性教学环节，是进行工程师基本训练的重要组成部分。本课程的教学任务是：通过实验使学生掌握本课程的基本实验方法、实验手段及操作技能，学会正确使用各种测量仪器和实验仪器设备的方法，掌握正确的数据处理和图表绘制方法；培养学生运用所学理论进行科学研究、分析问题与解决问题的能力；通过理论与实践的结合，巩固和加深对所学基本原理的理解，在实践方面得到充实和提高，树立实事求是的科学态度和严谨的工作作风。

二、教学要求

1. 课前准备

为确保实验质量及安全，学生在进行实验之前必须预习实验内容，掌握实验项目的目的、原理，了解实验装置及实验步骤。进入实验室前，必须穿戴实验服具，做好安全防护措施，准备好纸笔；实验中，须严格遵守实验室的相关规章制度。

2. 实验操作

实验前，认真聆听指导教师的讲解，了解注意事项，认真检查仪器设备是否完整齐全。实验过程中，严格按照实验步骤及教师指导进行操作，要求能够掌握实验所用仪器的基本操作方法，学会各类实验用试剂的配制、标定、计算；能独立进行实验的全过程，包括装配和调节实验装置，准确进行实验操作，仔细观察实验现象，测定、记录好实验数据。实验结束后。要将仪器设备整理好，清理实验台，保持实验室干净、整洁。

3. 实验数据处理

学会正确处理实验数据，掌握图表的绘制方法，能够根据实验现象或所得实验数据进行分析，得出正确结论。

4. 编写实验报告

整理实验结果，编写一份完整的实验报告，是实验教学必不可少的组成部分。这一环节的训练，可为今后写好科学论文或科研报告打下坚实基础。

实验报告包括下述内容：

（1）实验目的及原理。

（2）实验设备、试剂及实验步骤。

（3）实验数据整理及图表绘制。

（4）实验结果分析。

（5）思考题与讨论。

第一章　实验设计

一、实验设计简介

实验是在设定的条件下进行的实践或探索。通过实验，可以获取一定的数据资料和相关信息；通过对数据和相关信息的分析，得出一定的结论。在实验前，需要制定一个科学、合理的实验计划。实验设计，就是利用统计学的知识来制定实验计划。实验设计的内容，包括确定实验目标、选择实验条件或参数、选择实验方法和分析方法、确定实验方案和数据处理方式等。实验设计是科学研究和实际生产过程中的重要内容，通过实验设计可以合理地安排试验内容和方式，力求用较少的试验次数获得较好的实验结果，节省实验时间，节约人力和物力。例如，某污水处理厂在使用膜处理中盐水过程中，分别研究了进水压力、pH 值和回收率 3 个影响因素，每个因素分别设 3 个水平。如果采用全面试验，需要 27 次才能完成；而采用正交试验，则只需要 9 次就可以完成。

实验设计的方法很多，在环境工程实验中常用的为优选法。此外，在优选区内利用正交表科学地安排试验点，进行正交实验设计，也是应用广泛的一种方法。

优选法是根据科研课题和生产中的不同问题，采用数学原理，科学合理地安排试验点，减少试验次数，在最短时间内找到最佳点的一类方法。优选法包括单因素和多因素优选法。在进行实验设计时，应根据实际情况采用合适的方法。

二、单因素优选法

单因素优选法首先假定：$f(x)$ 是定义在区间 (a, b) 的单峰函数。在试验设计中，$f(x)$ 指的是试验结果，区间 (a, b) 表示试验因素的取值范围。实验过程中用尽量少的试验次数，来确定 $f(x)$ 最大值的近似位置。在环境工程领域常用的单因素优选法，有黄金分割法、对分法、分数法、分批试验法等。

1. 黄金分割法

黄金分割法又称为 0.618 法，其基本方法为：第一个实验点 x_1 设在区间 (a, b) 的 0.618 位置上，第二个实验点 x_2 取成 x_1 的对称点。即：

$$x_1 = a + 0.618(b - a)$$
$$x_2 = a + 0.382(b - a)$$

如果 $f(x_1) > f(x_2)$，$f(x_1) > f(a)$，$f(x_1) > f(b)$，则极值点在 (b, x_2) 之间，去掉 (x_2, a)，然后在余下的范围内继续寻找好点，直到得出合适的结果（图 1-1）。

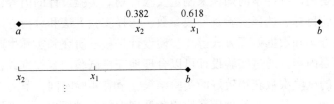

图 1-1　黄金分割法示例

2. 对分法

对分法的特点是每个试验点的位置都在试验区间的中点，每做一次试验，试验区间长度就缩短一半。对分法的分法简单，能很快地逼近极值点。其使用条件为：

（1）要有已知的试验标准。

（2）能根据一次试验的结果确定下次实验的选择方向。

具体方法为：首先确定实验区间 $[a, b]$，第一次试验点设在 (a, b) 的中点 $x_1\left(x_1 = \dfrac{a + b}{2}\right)$。若根据实验结果判断好点在 (a, x_1) 这一侧，则去掉 (x_1, b)。第二次实验点则安排在 (a, x_1) 的中点 $x_2\left(x_2 = \dfrac{a + x_1}{2}\right)$。如果实验结果判断好点在 (x_1, b) 这一侧，则去掉 (a, x_1) 这一侧，并在 (x_1, b) 这一侧继续取点。直至选出合适的值。

3. 分数法

分数法又叫菲波那契数列法。由菲波那契（Fibonacci）数列（1，2，3，5，8，13，21，34，55，89，144，233，…）得出分数数列（1/2，2/3，3/5，5/8，8/13，13/21，21/34，34/55，55/89，…），然后用分数数列来安排试验点的一种优选法。

通常，在实验条件受限只能做几次试验时，采用分数法较好，试验数只能取整数。在使用分数法进行单因素优选时，首先根据实验区间确定分数。分数法实验点的位置，可用下列公式求得：

$$第一个实验点 = (大数 - 小数) \times \frac{F_n}{F_{n+1}} + 小数 \qquad (1-1)$$

$$新实验点 = (大数 - 中数) + 小数 \qquad (1-2)$$

式中，中数为已实验的实验点数值。

新实验点安排在余下范围内与已实验点相对称的点上，新实验点到余下范围的中点的距离等于已实验点到中点的距离；同时，新实验点到左端点的距离，也等于已实验点到右端点的距离（图1-2），即：

$$新实验点 - 左端点 = 右端点 - 已实验点$$

移项后即得式（1-2）。

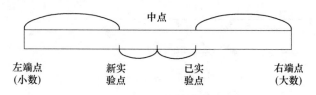

图1-2　分数法实验点位置示意图

表1-1为分数法实验点位置与试验次数。

表1-1　分数法实验点位置与试验次数

分数 F_n/F_{n+1}	第一批 试验点位置	等分试验范围 份数 F_{n+1}	试验次数
2/3	2/3，1/3	3	2
3/5	3/5，2/5	5	3

续表 1-1

分数 F_n/F_{n+1}	第一批 试验点位置	等分试验范围 份数 F_{n+1}	试验次数
5/8	5/8, 3/8	8	4
8/13	8/13, 5/13	13	5
13/21	13/21, 8/21	21	6
21/34	21/34, 13/34	34	7
34/55	34/55, 21/55	55	8

4. 分批实验法

为缩短实验时间，可采用同一批次多个实验同时进行的方法，即分批实验法。该方法又可分为均分法和比例分割法。

（1）均分法。具体实验步骤为：每批设定 $2n$ 个试验，先把试验范围等分为 $2n+1$ 段，然后在 $2n$ 个分点上作第一批试验，比较实验结果，留下效果好的点及相邻左右一段，然后把这两段都等分为 $n+1$ 段，在分点处继续做第二批试验，直至得出合适的值（图 1-3）。

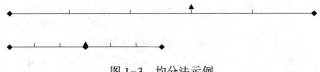

图 1-3　均分法示例

（2）比例分割法。具体实验步骤为：每批设定 $2n+1$ 个试验，先把试验范围划分为 $2n+2$ 段，相邻两段长度为 a 和 $b(a>b)$，长短段比例为：

$$\lambda = \frac{1}{2}\left(\sqrt{\frac{n+5}{n+1}} - 1\right)$$

在 $2n+1$ 个分点上做第一批试验，比较实验结果，在较好的试验点左右留下一长一短。然后把 a 分成 $2n+2$ 段，相邻两段为 a_1、$b_1(a_1>b_1)$，且 $a_1=b$。依次划分下去，直至找到合适的值（图1-4）。

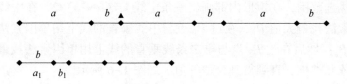

图 1-4　比例分割法示例

三、双因素优选法

双因素优选法就是以尽可能短的时间得到二元函数 $z = f(x, y)$ 的最大值，及其对应的 (x, y) 点。

1. 对开法

在直角坐系中确定一个矩形作为优选范围，在矩形内部画出两条中线，分别在两条中线（$x = (a + b)/2$；$y = (c + d)/2$）上用单因素法找最大值 P、Q。比较 P、Q 值的大小，如果 Q 值大，就去掉 $x < (a + b)/2$ 的一部分；否则，就去掉另一部分。在余下部分的两条中线上重复第一步的试验，直到得到所需的值为止。如图 1-5 所示。

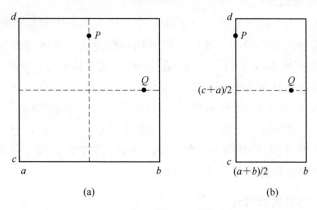

图 1-5　对开法示意图

2. 旋升法

旋升法又称为从好点出发法，首先在直角坐标系中确定一个矩形作为优选范围，在矩形内部画出一条中线 $x=(a+b)/2$，在中线上用单因素法找最大值 P_1，在过 P_1 点与中线垂直的线上用单因素法找最大值 P_2；然后在过 P_2 点与第二条线垂直的线上用单因素法找最大值 P_3，依此类推，直到得到合适的值。如图 1-6 所示。

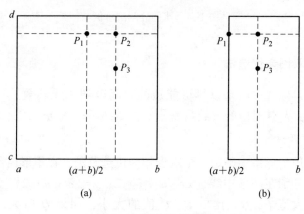

图 1-6　旋升法示意图

3. 平行线法

在研究两个因素影响的实验中，常会遇到一个因素易调整，另一个因素不易调整的情况，此时可以采用平行线法。具体过程为：首先选定优选范围 $(a<x<b,\ c<y<d)$，并设定 x 易调整，y 不易调整，把 y 先固定在其实验范围的 0.618 处，过该点做平行于 x 轴的直线，并用单因素方法找出另一因素 x 的最佳点 P。再把因素 y 固定在 0.382 处，用单因素法找出因素 x 的最佳点 Q。比较 P 和 Q，如果 P 好，则去掉 Q 点下面部分，然后再用同样的方法处理余下的部分，直到得到合适的值。如图 1-7 所示。

四、正交实验设计

在实际的科学研究及生产过程中，影响因素往往是复杂的。实验结果往往受多个因素影响，而同一因素，其不同水平也会引起实验结果的变化。如果将不同因素和水平全面搭配，进行全面试验设计，则试验次数非常多，在有限的时间、人力和物力条件下，可能难以完成

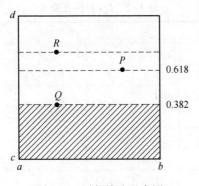

图1-7　平行线法示意图

这样的实验组合。例如，在使用膜处理中盐水过程中，分别研究了进水压力、pH 值和回收率 3 个影响因素，每个因素分别设 4 个水平。如果采用全面试验，则需要 64 次才能完成。这样的试验在短期内是无法实现的。而采用正交实验法，则能够很好地解决这一问题。正交试验法是在优选区内利用正交表科学地安排试验点，通过对试验结果的数据分析，缩小优选范围，或者得到较优点的多因素试验方法。

1. 正交表的构造

用正交设计法安排实验都要使用正交表。它是正交实验设计法中合理安排实验，以及对数据进行统计分析的工具。

常用正交表的形式为：

$$L_n(r^m)$$

式中　L ——正交表的符号；

　　　n ——要做的试验次数；

　　　r ——因素的水平数；

　　　m ——最多允许安排的因素个数。

正交表的形式可分为以下几种：

（1）等水平正交表。指各个因素的水平数都相等的正交表，如 $L_8(2^7)$、$L_{27}(3^{13})$。表 1-2 为 $L_8(2^7)$ 正交表。

表 1-2　$L_8(2^7)$ 正交表

试验号	列　号						
	1	2	3	4	5	6	7
1	1	1	1	1	1	1	1
2	1	1	1	2	2	2	2
3	1	2	2	1	1	2	2
4	1	2	2	2	2	1	1
5	2	1	2	1	2	1	2
6	2	1	2	2	1	2	1
7	2	2	1	1	2	2	1
8	2	2	1	2	1	1	2

（2）混合水平正交表。指试验中各因素的水平数不相等的正交表。

如果被考察因素的水平不同，应采用混合型正交表。如 $L_8(4\times 2^4)$，它表示有 8 行（即要做 8 次实验）5 列（即有 5 个因素）；而括号内的第一项"4"表示被考察的第一个因素是 4 个水平，在正交中位于第一列，这一列由 1、2、3、4 四种数字组成；括号内第二项的指数"4"表示另外还有 4 个考察因素；底数"2"表示后 4 个因素是 2 水平，即后 4 列由 1、2 两种数字组成。用 $L_8(4\times 2^4)$ 安排实验时，最多可以考察一个具有五因素的问题，其中一因素为 4 水平，另四因素为 2 水平，共要做 8 次实验。

表 1-3 为 $L_8(4\times 2^4)$ 正交表。

表 1-3　$L_8(4\times 2^4)$ 正交表

试验号	列　号				
	1	2	3	4	5
1	1	1	1	1	1
2	1	2	2	2	2
3	2	1	1	2	2
4	2	2	2	1	1
5	3	1	2	1	2

续表 1-3

试验号	列 号				
	1	2	3	4	5
6	3	2	1	2	1
7	4	1	2	2	1
8	4	2	1	1	2

2. 正交设计法安排多因素实验的步骤

（1）明确实验目的，确定实验指标。试验前需明确试验需要解决的问题，并确定可以量化的指标。如提高焦化废水可生化性实验，试验目的是为了提高焦化废水的可生化性，其试验指标为 B/C。

（2）选择因素水平，列出因素水平表。在众多影响因素中，需优选对实验指标影响大的因素，去掉不可控因素。因素选出后，应根据所掌握的资料和相关知识确定每个因素的范围和水平。因素水平选定后，便可列出因素水平表。

（3）选用正交表。正交表的选择要求在能够安排好实验因素和交互作用的条件下，尽可能选择较小的正交表。对等水平实验，正交表的列数大于或等于因素及交互作用所占列数；对于水平不等的实验，混合正交表的某一水平的列数应大于或等于相应水平的因素数。

（4）表头设计。表头设计就是将因素和交互作用合理地安排到正交表的各列中。若无交互作用，各因素可以随意安排；若有交互作用，各因素需按对应的正交表的交互作用列表安排到相应的列中。

（5）编制实验方案。根据表头设计，将正交表每一列（不含交互作用列）的不同水平数字换成对应因素的水平值。

3. 实验结果分析

实验结束后，需对获得的实验数据进行分析以获得正确结论。常用的有极差分析法、方差分析法。

通过实验结果分析，可以达到如下目的：

（1）确定各因素及交互作用对实验指标影响的主次顺序及影响的显著程度。

（2）在供试条件下，可以得到各因素、水平的最优组合。

（3）可以得到实验指标随因素变化的规律。

（4）可以判断实验误差。

五、正交实验分析实例

通常，焦化废水通过一级处理（预处理）、二级处理（生化处理）和三级处理（深度处理）后，其色度和COD才能达标排放或满足回收的要求。在三级处理中，采用吸附、氧化及混凝联合处理可取得较好的处理效果，为了解吸附剂、氧化剂、混凝剂和焦化废水脱色及COD去除率之间的关系，采用正交实验法进行实验。

1. 实验方案确定及实验

（1）实验目的。实验是为了找出影响焦化废水二级生化出水脱色及COD去除率的主要因素并确定各参数的最佳组合条件。

（2）挑选因素。在废水处理领域，吸附剂、氧化剂、混凝剂的种类很多，根据焦化废水二级生化出水的性质、水质指标以及不同处理药剂的特性，确定本实验中吸附剂为膨润土，氧化剂为次氯酸钙，混凝剂为聚合氯化铝。

（3）确定各因素的水平。根据实际应用经验，确定每个因素选用4个水平，结果见表1-4。

表1-4　正交实验因素与水平

水　平	因　素		
	A. 膨润土/g	B. 次氯酸钙/g	C. 聚合氯化铝/g
1	0.6	0.20	0.030
2	0.9	0.25	0.045
3	1.2	0.30	0.060
4	1.5	0.35	0.075

（4）确定实验指标。本实验以焦化废水的脱色率和COD去除率为评价指标。

（5）选择正交表。根据以上选择的因素与水平，选择 $L_{16}(4^4)$ 正交试验表，见表1-5。

表 1-5　$L_{16}(4^4)$　正交实验表

试验号	列　号			
	1	2	3	4
1	1	1	1	1
2	1	2	2	2
3	1	3	3	3
4	1	4	4	4
5	2	1	2	3
6	2	2	1	4
7	2	3	4	1
8	2	4	3	2
9	3	1	3	4
10	3	2	4	3
11	3	3	1	2
12	3	4	2	1
13	4	1	4	2
14	4	2	3	1
15	4	3	2	4
16	4	4	1	3

（6）确定实验方案。根据已定的因素、水平及选用的正交表确定实验方案。

1）因素顺序上列。

2）水平对号入座。得出正交实验方案表 1-6。

3）确定实验条件并进行实验。根据表 1-6，共需进行 16 次实验，每组具体实验条件如表中 1，2，…，16 各横行所示。

表 1-6　正交实验方案表 $L_{16}(4^4)$

试验号	因　素		
	A. 膨润土/g	B. 次氯酸钙/g	C. 聚合氯化铝/g
1	0.6	0.20	0.030

试验号	因　　素		
	A. 膨润土/g	B. 次氯酸钙/g	C. 聚合氯化铝/g
2	0.6	0.25	0.045
3	0.6	0.30	0.060
4	0.6	0.35	0.075
5	0.9	0.20	0.045
6	0.9	0.25	0.030
7	0.9	0.30	0.075
8	0.9	0.35	0.060
9	1.2	0.20	0.060
10	1.2	0.25	0.075
11	1.2	0.30	0.030
12	1.2	0.35	0.045
13	1.5	0.20	0.075
14	1.5	0.25	0.060
15	1.5	0.30	0.045
16	1.5	0.35	0.030

2. 实验结果及分析

根据实验过程得出实验数据，对数据处理后得出实验指标，然后做正交实验分析及方差分析，具体做法如下：

（1）填写评价指标。将每一实验条件下的原始数据，通过数据处理后求出色度去除率和 COD 去除率，填写在表 1-7 相应的列内。

（2）计算各列的 K、$\bar{K}$ 及极差 R（参见参考文献 [1]），将计算结果填到表 1-8 相应列中。

表 1-7　正交实验结果

序号	A. 黏土矿物/g	B. 氧化剂/g	C. 絮凝剂/g	D. 空白	色度去除率/%	COD 去除率/%
1	1	1	1	1	90.9	51.8

续表1-7

序号	A. 黏土矿物/g	B. 氧化剂/g	C. 絮凝剂/g	D. 空白	色度去除率/%	COD去除率/%
2	1	2	2	2	93.2	61.1
3	1	3	3	3	96.9	65.8
4	1	4	4	4	94.6	61.5
5	2	1	2	3	93.2	64.6
6	2	2	1	4	94.3	56.2
7	2	3	4	1	96.7	63.7
8	2	4	3	2	97.3	64.1
9	3	1	3	4	95.2	64.8
10	3	2	4	3	95.6	66.4
11	3	3	1	2	95.1	65.3
12	3	4	2	1	96.9	67.5
13	4	1	4	2	95.3	63.5
14	4	2	3	1	95.6	66.8
15	4	3	2	4	96.8	68.8
16	4	4	1	3	94.8	62.2

表1-8 正交实验分析

名称	参数	A	B	C	D
COD	K_1	240.2	244.7	235.5	249.8
	K_2	248.6	250.5	262.0	254.0
	K_3	264.0	263.6	261.5	259.0
	K_4	261.3	255.3	255.1	251.3
	$\overline{K}_1$	60.1	61.2	58.9	62.5
	$\overline{K}_2$	62.2	62.6	65.5	63.5
	$\overline{K}_3$	66.0	65.9	65.4	64.7
	$\overline{K}_4$	65.3	63.8	63.8	62.8
	R	5.9	4.7	6.6	2.3

续表 1-8

名称	参数	A	B	C	D
	K_1	375.6	374.6	375.1	380.1
	K_2	381.5	378.7	380.1	380.9
	K_3	382.8	385.5	385.0	380.5
	K_4	382.5	383.6	382.2	380.9
色度	$\overline{K}_1$	93.9	93.7	93.8	95.0
	$\overline{K}_2$	95.4	94.7	95.0	95.2
	$\overline{K}_3$	95.7	96.4	96.3	95.1
	$\overline{K}_4$	95.6	95.9	95.6	95.2
	R	1.8	2.7	2.5	0.2

（3）方差分析。在极差分析的基础上对表 1-8 中的数据做方差分析（参见参考文献 [1]），将计算结果填到表 1-9 中。

表 1-9 方差分析

名称	方差来源	离差平方和	自由度	F 值	$F_{0.05}$	$F_{0.01}$
	A	93.0	3	9.30	4.76	9.78
	B	47.9	3	4.79	4.76	9.78
COD	C	115.7	3	11.57	4.76	9.78
	误差	20.0	6			
	总和	276.6	15			
	A	8.6	3	5.2	4.76	9.78
	B	18.2	3	11.0	4.76	9.78
色度	C	13.1	3	8.0	4.76	9.78
	误差	3.3	6			
	总和	43.1	15			

（4）结果分析。由表 1-8 的极差分析结果可以看出，三种因素对焦化废水中 COD 和色度去除率的影响各不相同。对于 COD 去除的影响表现为：聚合氯化铝＞膨润土＞次氯酸钙，对色度去除率的影响表现为：次氯酸钙＞聚合氯化铝＞膨润土。

由表1-9方差分析结果可以看出，在去除COD过程中，聚合氯化铝添加量的影响达到极显著水平，膨润土和次氯酸钙添加量的影响达到显著水平；而在脱色过程中，次氯酸钙添加量的影响达到极显著水平，其次为聚合氯化铝和膨润土添加量，其影响达到显著水平。

根据各因素水平改变时指标的变化情况，得出焦化废水去除COD的最优实验条件为：$A_3B_3C_2$，即膨润土添加量为1.2g、次氯酸钙添加量为0.30g、聚合氯化铝添加量为0.045g时效果最佳；脱色的最优实验条件为：$A_3B_3C_3$，即膨润土添加量为1.2g、次氯酸钙添加量为0.30g、聚合氯化铝添加量为0.060g时效果最佳。在最佳实验条件下进行验证实验，对于$A_3B_3C_2$组合，处理后的焦化废水色度去除率为97.0%，COD去除率为69.1%；对于$A_3B_3C_3$组合，处理后的焦化废水色度去除率为98.5%，COD去除率为66.4%。

第二章　误差与实验数据处理

环境工程是一门涉及理学和工学等多学科交叉的综合性学科，环境工程实验工作大部分是定量地研究因果关系，因此要涉及物理量的测量。在分析过程中，由于实验方法和实验设备的不完善、周围环境的影响，以及人的观察力、测定程序等限制，误差是客观存在的，即便是最精密的测量，其结果也只能趋近于真值。因此，有必要对所测得的结果进行分析评价，估测结果的可靠程度，并对数据进行合理的解释。

为了评定实验数据的精确性或误差，认清误差的来源及其影响，需要对实验的误差进行分析和讨论。由此判定哪些因素是影响实验精确度的主要方面，从而在以后实验中进一步改进实验方案，缩小实验观测值和真值直接的差距，提高实验的精确性。

此外，实验的结果最初通常是以数据的形式表达的。要想得出结果，必须对实验数据进行整理和归纳，用一定方式表示出各数据之间的相互关系，使人们清楚地了解各变量之间的定量关系，以便进一步分析实验现象，提出新的研究方案或得出规律。

一、误差的基本概念

测量值与真实值之间的差异称为绝对误差。绝对误差用以反映观测值偏离真值的大小，其单位与观测值相同。由于仪器、实验条件、环境等因素的限制，测量不可能无限精确，观测值与客观存在的真实值之间总会存在着一定的差异，由于不易测得真值，实际应用中常用观测值与平均值之差表示绝对误差。在分析工作中常把标准试样中的某成分的含量作为该成分的真值，用以估计误差的大小。绝对误差与平均值（真值）的比值称为相对误差，相对误差用于不同观测结果的可靠性的对比，常用百分数表示。

1. 真值与平均值

真值是待测物理量客观存在的确定值，也称理论值或定义值。由于仪器、测试方法、环境、人的观察力、实验方法等都不可能做到完美无缺，因此我们无法测得真值。如果在实验过程中，测量的次数无限多，将测量值加以平均，再消除系统误差，则可以得到非常接近于真值的数值。但测试次数毕竟是有限，用有限测量值求得的平均值只能近似真值，常用的平均值有下列几种：

（1）算术平均值。算术平均值是最常用的一种平均值，当观测值呈正态分布时，算术平均值最近似真值。

设 x_1，x_2，…，x_n 为各次的观测值，n 代表观测次数，则算术平均值为：

$$\bar{x} = \frac{x_1 + x_2 + \cdots + x_n}{n} = \frac{1}{n}\sum_{i=1}^{n} x_i \qquad (2-1)$$

（2）均方根平均值。均方根平均值应用较少，其定义为：

$$\bar{x} = \sqrt{\frac{x_1^2 + x_2^2 + \cdots + x_n^2}{n}} = \sqrt{\frac{\sum_{i}^{n} x_i^2}{n}} \qquad (2-2)$$

式中，符号意义同前。

（3）加权平均值。若对同一事物用不同方法去测定，或者由不同的人去测定，计算平均值时，常用加权平均值。计算公式如下：

$$\bar{x} = \frac{w_1 x_1 + w_2 x_2 + \cdots + w_n x_n}{w_1 + w_2 + \cdots + w_n} = \frac{\sum_{i=1}^{n} w_i x_i}{\sum_{i=1}^{n} w_i} \qquad (2-3)$$

式中，w_1，w_2，…，w_n 为与各观测值相应的权；其他符号意义同前。

各观测值的权数 w，可以是观测值的重复次数、观测者在总数中所占的比例，或者根据经验确定。

（4）中位值。中位值是指一组观测值按大小次序排列的中间值。若观测次数是偶数，则中位值为正中两个值的平均值。中位值的最大优点是求法简单。只有当观测值的分布呈正态分布时，中位值才能代表一组观测值的中心趋向，近似于真值。

（5）几何平均值。如果一组观测值是非正态分布，当这组数据取对数后，所得图形的分布曲线更对称时，常用几何平均值。

几何平均值是一组 n 个观测值连乘并开 n 次方求得的值。计算公式如下

$$\bar{x} = \sqrt[n]{x_1 \cdot x_2 \cdot \cdots \cdot x_n} \qquad (2-4)$$

也可用对数表示：

$$\lg \bar{x} = \frac{1}{n} \sum_{i=1}^{n} \lg x_i \qquad (2-5)$$

（6）对数平均值。在化学反应、热量和质量传递中，其分布曲线多具有对数的特性，在这种情况下表征平均值常用对数平均值。

设两个量为 x_1、x_2，则其对数平均值表示为：

$$\bar{x}_{对} = \frac{x_1 - x_2}{\ln x_1 - \ln x_2} = \frac{x_1 - x_2}{\ln \dfrac{x_1}{x_2}} \qquad (2-6)$$

应该指出，变量的对数平均值总小于算数平均值。当 $x_1/x_2 \leqslant 2$ 时，可以用算数平均值代替对数平均值。

当 $x_1/x_2 = 2$，$\bar{x}_{对} = 1.443$，$\bar{x} = 1.50$，$(\bar{x}_{对} - \bar{x}) / \bar{x}_{对} = 4.2\%$，即 $x_1/x_2 \leqslant 2$，引起的误差不超过 4.2%。

2. 误差的分类

根据误差的性质及发生的原因，误差可分为系统误差、偶然误差、过失误差等三种。

（1）系统误差。系统误差是指在测量和实验中未发觉或未确认的因素所引起的误差，而这些因素影响结果永远朝一个方向偏移，其大小及符号在同一组实验测定中完全相同，当实验条件一经确定，系统误差就获得一个客观上的恒定值。当改变实验条件时，就能发现系统误差的变化规律。

系统误差产生的原因可能有以下几个方面：

1）仪器不良，如刻度不准，砝码未校正，仪表零点未校正或标准表本身存在偏差等。

2）环境的改变，如外界温度、压力和湿度的变化等。

3）实验人员的习惯和偏向，如读数偏高或偏低等。

这种误差可以根据仪器的缺点、外界条件变化影响的大小、个人的偏向，在分别加以校正后清除。

（2）偶然误差。在已消除系统误差的一切量值的观测中，所测数据仍在末一位或末两位数字上有差别，而且它们的绝对值和符号的变化时大时小、时正时负，没有确定的规律。这类误差称为偶然误差或随机误差。偶然误差产生的原因不明，因而无法控制和补偿。在一定的实验条件下，重复测量某一个物理量的数值，各次测量会得到不同的结果。但对某一量值做足够多次的等精度测量后，就会发现偶然误差完全服从统计规律，误差的大小或正负的出现完全由概率决定。因此，随着测量次数的增加，偶然误差的算术平均值趋近于零，所以多次测量结果的算数平均值将更接近于真值。

偶然误差服从正态分布，具有以下四个特性：

1）绝对值小的误差比绝对值大的误差出现的机会多，即误差的概率与误差的大小有关。这是误差的单峰性。

2）绝对值相等的正误差或负误差出现的次数相当，即误差的概率相同。这是误差的对称性。

3）极大的正误差或负误差出现的概率都非常小，即大的误差一般不会出现。这是误差的有界性。

4）随着测量次数的增加，偶然误差的算术平均值趋近于零。这是误差的低偿性。

图2-1为误差出现的概率分布图。图中横坐标表示偶然误差，纵坐标表示误差出现的概率，图中曲线称为误差分布曲线，以 $y = f(x)$ 表示。其数学表达式由高斯提出，具体形式为：

$$y = \frac{1}{\sqrt{2\pi}\,\sigma} e^{-\frac{x^2}{2\sigma^2}} \tag{2-7}$$

或

$$y = \frac{h}{\sqrt{\pi}} e^{-h^2 x^2} \tag{2-8}$$

式中，σ 为标准误差；h 为精确度指数。式（2-7）、式（2-8）称为高斯误差分布定律，亦称为误差方程。σ 和 h 的关系为：

$$y = \frac{1}{\sqrt{2}\,\sigma} \qquad\qquad (2-9)$$

若误差按函数关系分布，则称为正态分布。σ 越小，测量精度越高，分布曲线的峰越高切窄；σ 越大，分布曲线越平坦且越宽（见图2-1）。由此可知，σ 越小，小误差占的比重越大，测量精度越高；反之，则大误差占的比重越大，测量精度越低。

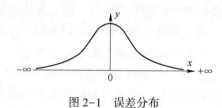

图 2-1　误差分布

（3）过失误差。过失误差是一种显然与事实不符的误差，它往往是由实验人员粗心大意、过度疲劳和操作不正确等原因造成的，如记错数据、加错试剂、溅失溶液等，是一种与事实明显不符的误差。此类误差无规则可寻，只要加强责任感、多方警惕、细心操作，过失误差是可以避免的。

3. 精密度、准确度和精确度

（1）精密度。测量中所测得的数值重现性的程度，称为精密度。它反映偶然误差的影响程度，精密度高表示偶然误差小。

（2）准确度。测量值与真值的偏移程度，称为准确度。它反映系统误差的影响精度，准确度高表示系统误差小。

（3）精确度（精度）。它反映测量中所有系统误差和偶然误差综合的影响程度。

在一组测量数据中，精密度高的准确度不一定高，准确度高的精密度也不一定高，但精确度高，则精密度和准确度都高。

一个化学分析，虽然精密度很高，偶然误差小，但可能由于溶液标定不准确、稀释技术不正确、不可靠的砝码或仪器未校准等原因出现系统误差，其准确度不高；相反，一个方法可能很准确，但由于仪器灵敏度低或其他原因，使其精密度不够。因此，评定观测数据的好坏，首先要考察精密度，然后考察准确度。

4. 误差的表示方法

利用任何量具或仪器进行测量时，总存在误差，测量结果总不可能准确地等于被测量的真值，而只是它的近似值。测量的质量高低以测量精确度作指标，根据测量误差的大小来估计测量的精确度。测量结果的误差愈小，则认为测量就愈精确。

（1）绝对误差。测量值 X 和真值 A_0 之差为绝对误差，通常称为误差。记为：

$$D = X - A_0 \qquad (2-10)$$

由于真值 A_0 一般无法求得，因而式（2-10）只有理论意义。常用高一级标准仪器的示值作为实际值 A 以代替真值 A_0。由于高一级标准仪器存在较小的误差，因而 A 不等于 A_0，但总比 X 更接近于 A_0。X 与 A 之差称为仪器的示值绝对误差。记为：

$$d = X - A \qquad (2-11)$$

与 d 相反的数称为修正值，记为：

$$C = - d = A - X \qquad (2-12)$$

通过检定，可以由高一级标准仪器给出被检仪器的修正值 C。利用修正值，便可以求出该仪器的实际值 A。记为：

$$A = X + C \qquad (2-13)$$

（2）相对误差。衡量某一测量值的准确程度，一般用相对误差来表示。示值的绝对误差 d 与被测量的实际值 A 的百分比值称为实际相对误差。记为：

$$\delta_A = \frac{d}{A} \times 100\% \qquad (2-14)$$

以仪器的示值 X 代替实际值 A 的相对误差称为示值相对误差。记为：

$$\delta_X = \frac{d}{X} \times 100\% \qquad (2-15)$$

一般来说，除了某些理论分析外，用示值相对误差较为适宜。

（3）引用误差。为了计算和划分仪表精确度等级，提出引用误差概念。其定义为仪表示值的绝对误差与量程范围之比。

$$\delta_A = \frac{\text{示值绝对误差}}{\text{量程范围}} \times 100\% = \frac{d}{X_n} \times 100\% \qquad (2-16)$$

式中，d 为示值绝对误差；X_n 为标尺上限值 - 标尺下限值。

（4）算术平均误差。算术平均误差是各个测量点的误差的平均值。

$$\delta_{\Psi} = \frac{\sum |d_i|}{n} \qquad (i = 1, 2, \cdots, n) \qquad (2-17)$$

式中，n 为测量次数；d_i 为第 i 次测量的误差。

（5）标准误差。标准误差亦称为均方根误差。其定义为：

$$\sigma = \sqrt{\frac{\sum d_i^2}{n}} \qquad (2-18)$$

式（2-18）适用于无限测量的场合。实际测量工作中，测量次数是有限的，故用式（2-19）：

$$\sigma = \sqrt{\frac{\sum d_i^2}{n - 1}} \qquad (2-19)$$

标准误差不是一个具体的误差，σ 的大小，只说明在一定条件下，等精度测量集合所属的每一个观测值对其算术平均值的分散程度。σ 的值愈小，说明每一次测量值对其算术平均值分散度就小，测量的精度就高；反之，精度就低。

二、有效数字及其运算规则

实验测定总含有误差，因此表示测定结果数字的位数应恰当，不宜太多，也不能太少。太多容易使人误认为测试的精密度很高，太少则精密度不够。数值准确度大小由有效数字位数来决定。

1. 有效数字

有效数字是指准确测定的数字加上最后一位估读数字（又称存疑数字）所得的数字。即实验报告的每一位数字，除最后一位数可能有疑问外，都希望不带误差。如果可疑数不只一位，其他一位或几位就应剔除。

为了清楚地表示数值的精度，明确读出有效数字位数，常用指数的形式表示，即写成一个小数与相应 10 的整数幂的乘积。这种以 10 的整数幂来记数的方法称为科学记数法。

如：82100，有效数字为 4 位时，记为 $8.210×10^5$；

有效数字为 3 位时，记为 $8.21×10^5$；

有效数字为 2 位时，记为 $8.2×10^5$。

0.00372，有效数字为 4 位时，记为 $3.720×10^{-3}$；

有效数字为 3 位时，记为 $3.72×10^{-3}$；

有效数字为 2 位时，记为 $3.7×10^{-3}$。

2. 有效数字运算规则

（1）记录测量数值时，只保留一位可疑数字，其余数一律弃去。

（2）计算有效数字位数时，若首位有效数字是 8 或 9 时，则有效数字位数要多计 1 位，例如 9.35，虽然实际上只有三位，但在计算有效数字时可作四位计算。

（3）当有效数字位数确定后，其余数字一律舍弃。舍弃办法是四舍六入，即末位有效数字后边第一位小于 5，则舍弃不计；大于 5 则在前一位数上增 1；等于 5 时，前一位为奇数，则进 1 为偶数，前一位为偶数，则舍弃不计。这种舍入原则可简述为："小则舍，大则入，正好等于奇变偶。"

（4）在加减运算中，运算后得到的数所保留的小数点后的位数，应与所给各数中小数点后位数最少的相同。

（5）在乘除运算中，在乘除运算中，各数所保留的位数，以各数中有效数字位数最少的那个数为准；其结果的有效数字位数亦应与原来各数中有效数字最少的那个数相同。

（6）在对数计算中，所取对数位数应与真数有效数字位数相同。

（7）计算平均值时，若为 4 个数或超过 4 个数相平均时，则平均值的有效数字位数可增加一位。

三、实验数据处理

在对实验数据进行误差分析整理剔除错误数据后，还要对实验数据进行归纳整理。

常用的实验数据表示方法有列表法、图形法和方程法三种。下面对这三种方法逐一进行论述。

1. 列表法

列表法就是将实验数据列成表格表示，这通常是整理数据的第一步，为以后绘制曲线或整理成数据公式做准备。列表法具有简单易作、形式紧凑、数据容易参考比较等优点，但对客观规律的反映不如图形表示法和方程表示法明确，在理论分析方面使用不方便。

（1）实验数据表的分类。实验数据表可以分为原始记录数据表和整理计算数据表两大类。原始记录数据表需要在实验前就设计好，以便能清楚地记录原始数据。整理计算数据表应简明扼要，只需表达物理量的计算结果，有时还可以列出实验结果的最终表达式。

（2）拟定实验数据表的注意事项：

1）数据表的表头要列出物理量的名称、符号和单位。

2）注意有效数字的位数。

3）物理量的数值较大或较小时，要用科学计数法表示。

4）每一个数据表都应有表号和表题，并应标注在表的上方。

5）填写数据应清晰、整齐。错误的数据应用单线划掉，并将正确的数据写在其下面。

2. 图示法

实验数据图示法的优点在于形式直观清晰，便于比较，容易看出实验数据中的极值点、转折点、周期性、变化率及其他特异性。当图形作得足够准确时，可以在不必知道变量间的数学关系的情况下进行微积分运算，因此用途非常广泛。

图形表示法可用于两种场合：（1）已知变量间的依赖关系图形，通过实验，将取得数据作图，然后求出相应的一些参数；（2）两个变量之间的关系不清，将实验数据点绘于坐标纸上，用以分析、反映变量间的关系和规律。

采用图示法，须注意两点：

（1）坐标纸的选择。环境工程实验中常用的坐标系为直角坐标系，包括普通直角坐标系、半对数坐标系和对数坐标系等。选择坐标纸时，应根据研究变量间的关系，确定选用哪一种坐标纸。坐标纸不宜太密或太稀。

（2）坐标分度的确定。坐标分度指坐标轴所代表的物理量的大小，即指坐标轴的比例尺。如果选择不当，会使实验数据做出的图形失真而导致错误。坐标分度正确的确定方法如下：

1）在已知 x 和 y 的测量误差分别为 $D(x)$ 和 $D(y)$ 的条件下，比例尺的取法通常使 $2D(x)$ 和 $2D(y)$ 构成的矩形近乎为正方形，并使 $2D(x)=2D(y)=2\text{mm}$。根据该原则即可求得坐标比例常数 M。

X 轴比例常数　　$M_x = \dfrac{2}{2D(x)} = \dfrac{1}{D(x)}$

Y 轴比例常数　　$M_y = \dfrac{2}{2D(y)} = \dfrac{1}{D(y)}$

其中，$D(x)$、$D(y)$ 的单位为物理量。

2）若不知道测量数据集的误差，那么坐标轴的分度应与实验数据的有限数字相匹配。在一般条件下，坐标轴比例尺的确定，既不要因比例常数过大而损失实验数据的准确度，也不要使比例常数过小而造成图中数据点分布异常的假象。

3. 经验公式的选择

化学实验得出的实验数据，很难由纯数学物理方法推导出确定的数学模型，而是采用半理论方法、纯经验方法和由实验曲线形状确定相应的经验公式。

（1）半理论分析方法。化工原理中由因次分析法推求数关系式是一种非常常见的方法。用因次分析法不需要导出现象的微分方程。但是，如果已经有了微分方程暂时还难于得出解析解，或者又不想用数值解时，也可以从中导出准数关系式，然后由实验来最后确定其系数值。

（2）纯经验法。根据各专业人员长期积累的经验，有时也可决定整理数据时应该采用什么样的数学模型。

（3）由实验曲线求经验公式。如果在整理实验数据时，选择的模型既无理论指导，又无经验可以借鉴，此时可将实验数据先标绘在普通坐标纸上，得一直线或者曲线。

  如果是直线，根据 $y = kx + b$，可以通过直线的斜率和截距求得 k 和 b 值；

  如果不是直线，则可将实验曲线和典型的函数曲线相对应，选择与实验曲线相似的典型函数进行计算。

第三章 采样技术

一、水质采样技术

在环境工程实验中，经常需要在规定的时间、地点或特定的时间间隔内测定水体中某些参数，如无机物、溶解矿物质或化学药品、溶解气体、溶解有机物、悬浮物等。针对不同类型的水样或测定指标，其采样方法不同。

水质采样技术要随具体情况而定，有些情况只需在某点瞬时采集样品，而有些情况要用复杂的采样设备进行采样。静态水体和流动水体的采样方法不同，应加以区别。瞬时采样和混合采样均适用于静态水体和流动水体，混合采样更适用于静态水体；周期采样和连续采样适用于流动水体。

1. 开阔河流的采样

在对开阔河流进行采样时，应包括下列几个基本点：

（1）用水地点的采样。

（2）污水流入河流后，应在充分混合的地点以及流入前的地点采样。

（3）支流合流后，在充分混合的地点及混合前的主流与支流地点的采样。

（4）主流分流后地点的选择。

（5）根据其他需要设定的采样地点。

各采样点原则上应在河流横向及垂向的不同位置采集样品。采样时间一般应选择在采样前至少连续两天晴天，水质较稳定的时间（特殊需要除外）。采样时间是在考虑人类活动、工厂企业的工作时间及污染物到达时间的基础上确定的。另外，在潮汐区，应考虑潮的情况，确定把水质最坏的时刻包括在采样时间内。

2. 封闭管道的采样

在封闭管道中采样，也会遇到与开阔河流采样时类似的问题。采样器探头或采样管应妥善地放在进水的下游，采样管不能靠近管壁。湍流部位，例如在 T 形管、弯头、阀门的后部，水体可充分混合，一般作为最佳采样点，但是对于等动力采样（即等速采样）除外。

采集自来水或抽水设备中的水样时，应先放水数分钟，使积留在水管中的杂质及陈旧水排出，然后再取样。采集水样前，应先用水样洗涤采样器容器、盛样瓶及塞子 2~3 次（油类除外）。

3. 水库和湖泊的采样

水库和湖泊的采样，由于采样地点不同和温度的分层现象，会引起水质很大的差异。

在调查水质状况时，应考虑到成层期与循环期的水质明显不同。了解循环期水质，可采集表层水样；了解成层期水质，应按深度分层采样。

在调查水域污染状况时，需进行综合分析判断，抓住基本点，以取得代表性水样。如废水流入前、流入后充分混合的地点、用水地点、流出地点等，有些可参照开阔河流的采样情况，但不能等同而论。

在可以直接汲水的场合，可用适当的容器采样，如水桶。从桥上等地方采样时，可将系着绳子的聚乙烯桶或带有坠子的采样瓶投于水中汲水。要注意不能混入漂浮于水面上的物质。

在采集一定深度的水时，可用直立式或有机玻璃采水器。这类装置是在下沉的过程中，水从采样器中流过；当到达预定深度时，容器能够闭合而汲取水样。在水流动缓慢的情况下，采用上述方法时，最好在采样器下系上适宜重量的坠子；当水深流急时要系上相应重的铅鱼，并配备绞车。

采样过程应注意：

（1）采样时不可搅动水底部的沉积物。

（2）采样时应保证采样点的位置准确，必要时使用 GPS 定位。

（3）认真填写采样记录表，字迹应端正清晰。

（4）保证采样按时、准确、安全。采样结束前，应核对采样方案、记录和水样，如有错误和遗漏，应立即补采或重新采样。

（5）如采样现场水体很不均匀，无法采到有代表性样品，则应详细记录不均匀的情况和实际采样情况，供使用数据者参考。

（6）测定油类的水样，应在水面至水面下 300mm 采集柱状水样，并单独采样，全部用于测定。采样瓶不能用采集的水样冲洗。

（7）测溶解氧、生化需氧量和有机污染物等项目的水样，必须注满容器，不留空间，并用水封口。

（8）如果水样中含沉降性固体，如泥沙等，应分离除去。分离方法为：将所采水样摇匀后倒入筒型玻璃容器，静置 30min，将已不含沉降性固体但含有悬浮性固体的水样移入乘样容器并加入保存剂。测定总悬浮物和油类的水样除外。

（9）测定湖库水 COD、高锰酸盐指数、叶绿素 a、总氮和总磷时的水样，静置 30min 后用吸管一次或几次移取水样，吸管进水尖嘴应插至水样表层 50mm 以下位置，再加保存剂保存。

（10）测定油类、BOD_5、DO、硫化物、余氯、粪大肠菌群、悬浮物、放射性等项目时要单独采样。

4. 地下水的采样

地下水可分为上层滞水、潜水和承压水。上层滞水的水质与地表水的水质基本相同；潜水含水层通过包气带直接与大气圈、水圈相通，因此具有季节性变化的特点；承压水地质条件不同于潜水，其受水文、气象因素直接影响小，含水层的厚度不受季节变化的支配，水质不易受人为活动污染。

采集样品时，一般应考虑以下因素：

（1）地下水流动缓慢，水质参数的变化率小。

（2）地表以下温度变化小，因而当样品取出地表时，其温度发生显著变化，这种变化能改变化学反应速度，倒转土壤中阴阳离子的交换方向，改变微生物生长速度。

（3）由于吸收二氧化碳和随着碱性的变化，导致 pH 值改变，某些化合物还会发生氧化作用。

（4）某些溶解于水的气体，如硫化氢，当将样品取出地表时极易挥发。

（5）有机样品可能会受到某些因素的影响，如采样器材料的吸收、污染和挥发性物质的逸失。

（6）土壤和地下水可能受到严重的污染，以至影响到采样工作人员的健康和安全。

监测井采样不能像地表水采样那样可以在水系的任一点进行，因此，从监测井采得的水样只能代表一个含水层的水平向或垂直向的局部情况。

如果采样目的只是为了确定某特定水源中有没有污染物，那么只需从自来水管中采集水样。当采样的目的是要确定某种有机污染物或一些污染物的水平及垂直分布，并做出相应的评价，那么需要组织相当的人力物力进行研究。

对于区域性的或大面积的监测，可利用已有的井、泉或者就是河流的支流，但是，它们要符合监测要求；如果时间很紧迫，则只有选择有代表性的一些采样点。但是，如果污染源很小，如填埋废渣、咸水湖，或者是污染物浓度很低，比如含有机物，那就极有必要设立专门的监测井。增设的井的数目和位置取决于监测的目的、含水层的特点，以及污染物在含水层内的迁移情况。

如果潜在的污染源在地下水位以上，则需要在包气带采样，以得到对地下水潜在威胁的真实情况。除了氯化物、硝酸盐和硫酸盐，大多数污染物都能吸附在包气带的物质上，并在适当的条件下迁移。因此很有可能采集到已存在污染源很多年的地下水样，而且观察不到新的污染，这就会给人以安全的错觉，而实际上污染物正一直以极慢的速度通过包气带向地下水迁移。另外还应了解水文方面的地质数据和地质状况及地下水的本底情况。采集水样还应考虑到靠近井壁的水的组成几乎不能代表该采样区的全部地下水水质，因为靠近井的地方可能有钻井污染，以及某些重要的环境条件，如氧化还原电位，在近井处与地下水承载物质的周围有很大的不同。所以，采样前需抽取适量水。

对于自喷的泉水，可在涌口处直接采样。采集不自喷的泉水时，应将停滞在抽水管的水汲出，新水更替之后，再进行采样。从井水采集水样，必须在充分抽汲后进行，以保证水样能代表地下水水源。

5. 污水的采样

（1）采样频次：

1）监督性监测。地方环境监测站对污染源的监督性监测每年不少于1次，如是被国家或地方环境保护行政主管部门列为年度监测的重点排污单位，应增加到每年2~4次。因管理或执法的需要所进行的抽查性监测由各级环境保护行政主管部门确定。

2）企业自控监测。工业污水按生产周期和生产特点确定监测频次。一般每个生产周期不得少于3次。

3）对于污染治理、环境科研、污染源调查和评价等工作中的污水监测，其采样频次可以根据工作方案的要求另行确定。

4）根据管理需要进行调查性监测，监测站事先应对污染源单位正常生产条件下的一个生产周期进行加密监测。周期在8h以内的，1h采1次样；周期大于8h，每2h采1次样，但每个生产周期采样次数不少于3次。采样的同时测定流量。根据加密监测结果，绘制污水污染物排放曲线（浓度-时间，流量-时间，总量-时间），并与所掌握资料对照，如基本一致，即可据此确定企业自行监测的采样频次。

5）排污单位如有污水处理设施并能正常运行使污水能稳定排放，则污染物排放曲线比较平稳，监督检测可以采瞬时样；对于排放曲线有明显变化的不稳定排放污水，要根据曲线情况分时间单元采样，再组成混合样品。正常情况下，混合样品的采样单元不得少于2次。

如排放污水的流量、浓度甚至组分都有明显变化，则在各单元采样时的采样量应与当时的污水流量成比例，以使混合样品更具代表性。

（2）采样方法：

1）污水的监测项目根据行业类型有不同要求。在分时间单元采集样品时，测定pH值、COD、BOD_5、DO、硫化物、油类、有机物、余氯、粪大肠菌群、悬浮物、放射性等项目的样品，不能混合，只能单独采样。

2）自动采样用自动采样器进行。有时间等比例采样和流量等比例采样。当污水排放量较稳定时，可采用时间等比例采样，否则必须采用流量等比例采样。

3）采样的位置应在采样断面的中心，在水深大于 1m 时，应在表层下 1/4 深度处采样；水深小于或等于 1m 时，在水深的 1/2 处采样。

采样结束后，在采样标签上应记录样品的来源、采集时的状况（状态）以及编号等信息，送回实验室。

二、空气质量采样技术

环境空气中的监测污染物指标一般包括总悬浮颗粒物、二氧化硫、氮氧化物（一氧化氮和二氧化氮）、挥发性有机物、总烃、氨、苯并 [a] 芘、PM10、PM2.5、氟化物、苯系物、多环芳烃等。监测前采样点位的布设应具有较好的代表性，监测数据应能客观反映一定空间范围内空气质量水平或空气中所测污染物浓度水平。针对采样对象的不同，常用的采样方法有溶液吸收采样法、吸附管采样法、滤膜采样法、直接采样法、被动采样法等。

1. 点位布设要求

（1）所选点位应地处相对安全、交通便利、电源和防火措施有保障的地方。

（2）监测点采样口周围水平面应保证有 270° 以上的捕集空间，不能有阻碍空气流动的高大建筑、树木或其他障碍物；如果采样口一侧靠近建筑，采样口周围水平面应有 180° 以上的自由空间。从采样口到附近最高障碍物之间的水平距离，应为该障碍物与采样口高度差的 2 倍以上，或从采样口到建筑物顶部与地平线的夹角小于 30°。

（3）采样口距地面高度在 1.5~15m 范围内，距支撑物表面 1m 以上。有特殊监测要求时，应根据监测目的进行调整。

2. 溶液吸收采样法

溶液吸收采样法适用于二氧化硫、二氧化氮、氮氧化物、臭氧等气态污染物的样品采集。

（1）采样系统。采样系统主要由采样管路、采样器、吸收装置等部分组成。常见的吸收装置主要有气泡吸收管（瓶）、多孔玻板吸收管（瓶）和冲击式吸收管（瓶）等，结构如图3-1所示，吸收装置技术要求按相关监测方法标准规定执行。溶液吸收法的采样管路可用不锈钢、玻璃和聚四氟乙烯等材质，采集氧化性和酸性气体时，应避免使用金属材质采样管。

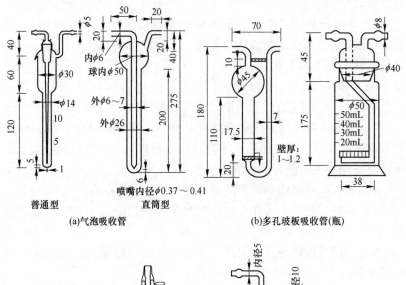

(a)气泡吸收管　　　　　　　　　　(b)多孔玻板吸收管(瓶)

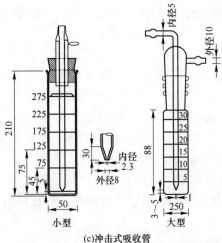

(c)冲击式吸收管

图3-1　常见吸收管（瓶）结构示意图

（2）采样前准备：

1）检查采样管路是否洁净，如不洁净应进行清洗或更换。

2）选择合适的吸收管（瓶），装入相应的吸收液。

3）进行气密性检查。将吸收管（瓶）及必要的前处理装置正确连接到气体采样管路，打开仪器，调节流量至规定值，封闭吸收管（瓶）进气口，吸收管（瓶）内不应冒气泡，采样仪器的流量计不应有流量显示。

4）采样前后用经检定合格的标准流量计校验采样系统的流量，流量误差应小于5%。观察恒流装置、仪器温控装置、采样器压力传感器、计时器是否正常。

（3）采样：

1）到达采样现场，观测并记录气象参数和天气状况。

2）正确连接采样系统，做好样品标识。注意吸收管（瓶）的进气方向不要接反，防止倒吸。采样过程中有避光、温度控制等要求的项目应按照相关监测方法标准的要求执行。

3）设置采样时间，调节流量至规定值，采集样品。

4）采样过程中，采样人员应观察采样流量的波动和吸收液的变化，出现异常时要及时停止采样，查找原因。

5）采样过程中应及时记录采样起止时间、流量，以及气温、气压等参数。

（4）样品运输和保存：

1）样品采集完成后，应将样品密封后放入样品箱，样品箱再次密封后尽快送至实验室分析，并做好样品交接记录。

2）应防止样品在运输过程中受到撞击或剧烈振动而损坏。

3）样品运输及保存中应避免阳光直射；需要低温保存的样品，在运输过程中应采取相应的冷藏措施，防止样品变质。

4）样品到达实验室应及时交接，尽快分析。如不能及时测定，应按各项目的监测方法标准要求妥善保存，并在样品有效期内完成分析。

3. 吸附管采样法

吸附管采样法适用于汞、挥发性有机物等气态污染物的样品采集。

（1）采样系统。采样系统主要由采样管路、采样器、吸附管等部分组成。吸附管为装有各类吸附剂的普通玻璃管、石英管或不锈钢管等，吸附剂的类型、粒径、填装方式、填装量及吸附管规格需符合相关监测方法标准要求。常见的固体吸附剂有活性炭、硅胶和有机高分子等吸附材料。

图3-2所示为活性炭吸附管。

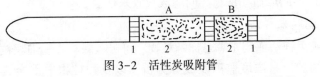

图3-2 活性炭吸附管

1—玻璃棉；2—活性炭；A—100mg活性炭；B—50mg活性炭

图3-3所示为高分子材料吸附管。

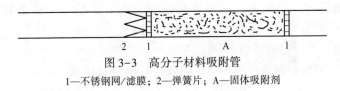

图3-3 高分子材料吸附管

1—不锈钢网/滤膜；2—弹簧片；A—固体吸附剂

（2）采样前的准备：

1）检查所选采样设备是否运行正常。

2）按监测方法标准要求准备好相应的吸附管，密封两端。

3）吸附管在使用前应按比例抽取一定数量进行空白和吸附/解吸（脱附）效率测试，结果应符合各项目监测方法标准要求；新购和采集高浓度样品后的热脱附管在使用前需进行老化。

4）气密性检查时，应选取与采样相同规格的吸附管，按采样要求正确连接到采样仪器上，打开采样泵，堵住吸附管进气端，流量计流量应归零，否则应对采样系统进行漏气检查。

5）采样前后用经检定合格的标准流量计校验采样系统的流量，流量误差应小于5%。

（3）采样：

1）到达采样现场，观测并记录气象参数和天气状况。

2）正确连接采样系统，做好样品标识。注意吸附管的进气方向不可接反，分段填充的吸附管 2/3 填充物段为进气端；吸附管进气端朝向应符合监测方法标准的规定，垂直放置并进行固定。

3）设置采样时间，调节流量至规定要求，采集样品。采样过程中，对吸收温度有控制要求的，需采取相应措施。

4）采样过程中应及时记录采样起止时间、流量，以及气温、气压等参数，记录内容应完整、规范。

（4）样品运输和保存。同溶液吸收采样法。

4. 滤膜采样法

滤膜采样法适用于总悬浮颗粒物、可吸入颗粒物、细颗粒物等大气颗粒物的质量浓度监测及成分分析，以及颗粒物中重金属、苯并［a］芘、氟化物（小时和日均浓度）等污染物的样品采集。

（1）采样系统。采样系统由颗粒物切割器、滤膜夹、流量测量及控制部件、采样泵、温湿度传感器、压力传感器和微处理器等组成。

（2）采样前的准备：

1）清洗颗粒物切割器，采用软性材料进行擦拭。采样期间如遇特殊天气，如扬沙、沙尘暴天气或重度及以上污染过程时应及时清洗。采样时长超过 7 天时，也需定期清洗。

2）如果切割器对大颗粒物有去除要求（如需涂抹凡士林或硅脂），采样人员应严格按照仪器说明书执行。

3）使用经检定合格的温度计对采样器的温度测量示值进行检查，当误差超过 ±2℃ 时，应对采样器进行温度校准。

4）使用经检定合格的气压计对采样器压力传感器进行检查，当误差超过 ±1kPa 时，应对采样器进行压力校准。

5）使用经检定合格的标准流量计对采样器流量进行检查，当流量示值误差超过采样流量 2% 时，应对采样器进行流量校准。

6）进行采样系统气密性检查。

7）如果所使用仪器的说明书中对环境温度、气压、采样流量等校准方法和顺序有特别要求，需按照仪器说明进行校准。

8）采样滤膜的材质、本底、均匀性、稳定性需符合所采项目监测方法标准要求。如有前处理需要，则根据监测方法标准要求对采样滤膜进行相应的前处理。使用前检查滤膜边缘是否平滑，薄厚是否均匀，且无毛刺、无污染、无碎屑、无针孔、无折痕、无损坏。

9）采样前应确保滤膜夹无污染、无损坏。

10）采样前后用经检定合格的标准流量计校验采样系统的流量，流量误差应小于 5%。

（3）采样：

1）到达采样现场后，观测并记录气象参数和天气状况。

2）正确连接好采样系统，核查滤膜编号，用镊子将采样滤膜平放在滤膜支撑网上并压紧，滤膜毛面或编号标识面朝进气方向，将滤膜夹正确放入采样器中；设置采样开始时间、结束时间等参数，启动采样器进行采样。

3）采样结束后，取下滤膜夹，用镊子轻轻夹住滤膜边缘，取下样品滤膜（如条件允许应尽量在室内完成装膜、取膜操作），并检查滤膜是否有破裂或滤膜上尘积面的边缘轮廓是否清晰、完整，否则该样品作废，需重新采样。整膜分析时样品滤膜可平放或向里均匀对折，放入已编号的滤膜盒（袋）中密封；非整膜分析时样品滤膜不可对折，需平放在滤膜盒中。记录采样起止时间、采样流量，以及气温、气压等参数。

（4）样品运输和保存：

1）样品采集后，立即装盒（袋）密封，尽快送至实验室分析，并做好交接记录。

2）样品运输过程中，应避免剧烈振动；对于需平放的滤膜，保持滤膜采集面向上。

3）需要低温保存的样品，在运输过程中应有相应的保存措施以防样品损失。

4）样品到达实验室应及时交接，尽快分析。如不能及时称重及分析，应将样品放在 4℃ 条件下冷藏保存，并在监测方法标准要求的时间内完成称量和分析；对分析有机成分的滤膜，采集后应按照监测方法标准要求进行保存至样品处理前，为防止有机物的损失，不宜进行称量。

5. 直接采样法

直接采样法适用于一氧化碳、挥发性有机物、总烃等污染物的样品采集，常用于空气中被测组分浓度较高或所用分析方法灵敏度较高的情况。根据气态污染物的理化特性及分析方法的检出限，选择相应的采样装置，一般采用真空罐（瓶）、气袋、注射器等。

（1）真空罐：

1）采样系统。真空罐一般由内表面经过惰性处理的金属材料制作，真空瓶一般由硬质玻璃制作，通常配有进气阀门和真空压力表，可重复使用。

2）采样前准备。采样前，真空罐（瓶）应先清洗或加热清洗3~5次，再抽真空，真空度应符合相关监测方法标准的要求。每批次真空罐（瓶）应进行空白测定。采样所用的辅助物品也应经过清洗，密封带到现场，或者事先在洁净的环境中安装好，封好进气口带到现场。

3）采样。用真空罐（瓶）采集空气样品可分为瞬时采样和恒流采样两种方式。瞬时采样前应在采样罐进气口处加装过滤器，打开采样罐阀门，开始采样。待罐内压力与采样点大气压力一致后，关闭阀门，用密封帽密封。记录采样时间、地点、温度、湿度、大气压等数据。恒流采样前，应在采样罐进气口安装限流阀和过滤器，打开采样罐阀门，开始恒流采样。在设定的恒定流量所对应的采样时间到达后，关闭阀门，用密封帽密封。记录采样时间、地点、温度、湿度、大气压等数据。采样罐容积为3.2L和6L时，不同恒定流量对应的采样时间见表3-1。

表3-1　不同恒定流量对应的采样时间

采样罐容积 3.2L		采样罐容积 6L	
采样流量/mL·min⁻¹	对应采样时间/h	采样流量/mL·min⁻¹	对应采样时间/h
48	1	90	1
6.2	8	12	8
3.1	24	3.8	24

4）样品保存。样品在常温下保存，采样后尽快分析，20天内完成分析。

（2）气袋：

1）采样系统。气袋适用于采集化学性质稳定、不与气袋起化学反应的低沸点气态污染物。气袋常用的材质有聚四氟乙烯、聚乙烯、聚氯乙烯和金属衬里（铝箔）等。根据监测方法标准要求和目标污染物性质等选择合适的气袋。

气袋采样方式可分真空负压法和正压注入法。真空负压法采样系统由进气管、气袋、真空箱、阀门和抽气泵等部分组成；正压注入法用双联球、注射器、正压泵等器具通过连接管将样品气体直接注入气袋中。

2）采样前准备。采样前气袋应清洗干净，确保无残留气体干扰。采样前应检查气袋是否密封良好，是否有破裂损坏等情况，并进行气密性检查，确保采样系统不漏气。

3）采样。用现场空气清洗气袋3~5次后再正式采样，采样后迅速将进气口密封，做好标识，并记录采样时间、地点、气温、气压等参数。

4）样品运输和保存。采样后气袋应迅速放入运输箱内，防止阳光直射，并采取措施避免气袋破损；当环境温差较大时，应采取保温措施；样品存放时间不宜过长，应在最短的时间内送至实验室分析。

（3）注射器：

1）采样系统。注射器通常由玻璃、塑料等材质制成，采样前根据方法要求选择。一般用50mL或100mL带有惰性密封头的注射器。

2）采样前准备。将注射器按监测方法标准要求进行洗涤、干燥等处理后密封备用。采样前，所用注射器要通过气密性和空白检查，并保证内部无残留气体。

3）采样。采样时，移去注射器的密封头，抽吸现场空气3~5次，然后抽取一定体积的气样，密封后将注射器进口朝下、垂直放置，使注射器的内压略大于大气压。做好样品标识，记录采样时间、地点、气温、气压等参数。

4）样品运输和保存。采样后注射器应迅速放入运输箱内，并保持垂直状态运送；玻璃注射器应小心轻放，防止损坏；样品应保温并避光保存，采样后尽快分析，在监测方法标准规定的时限内测定完毕。

6. 被动采样法

被动采样法适用于硫酸盐化速率、氟化物（长期）、降尘等污染物的样品采集。

（1）硫酸盐化速率采样。是将碳酸钾溶液浸渍过的玻璃纤维滤膜（碱片）暴露于环境空气中，环境空气中的二氧化硫、硫化氢、硫酸雾等与浸渍在滤膜上的碳酸钾发生反应，生成硫酸盐而被固定的采样方法。

1）采样装置。采样装置由采样滤膜和采样架组成，采样架由塑料皿、塑料垫圈及塑料皿支架构成，如图3-4所示。

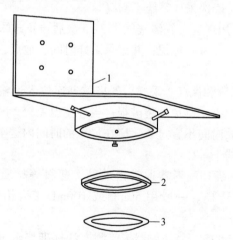

图3-4　硫酸盐化速率被动采样装置示意图
1—塑料皿支架；2—塑料皿；3—塑料垫圈

2）采样滤膜（碱片）制备。将玻璃纤维滤膜剪成直径70mm的圆片，毛面向上，平放于150mL的烧杯口上，用刻度吸管均匀滴加30%碳酸钾溶液1.0mL于每张滤膜上，使其扩散直径为5cm。将滤膜置于 60℃下烘干，储存于干燥器内备用。

3）采样。将滤膜毛面向外放入塑料皿中，用塑料垫圈压好边缘；将塑料皿中滤膜面向下，用螺栓固定在塑料皿支架上，并将塑料皿支架固定在距地面高 3~15m 的支持物上，距基础面的相对高度应大于 1.5m。记录采样点位、样品编号、放置时间等。

采样结束后，取出塑料皿，用锋利小刀沿塑料垫圈内缘刻下直径为 5cm 的样品膜，将滤膜样品面向里对折后放入样品盒（袋）中。记录采样结束时间，并核对样品编号及采样点。

（2）氟化物采样。是使空气中的氟化物（氟化氢、四氟化硅等）与浸渍在滤纸上的氢氧化钙反应而被固定的采样方法。

1）采样装置及材料：

① 采样盒。外径 130mm、内径 126mm、高 25mm（不包括盖）的平底塑料盒，具盖。盒内具有塑料环状垫圈（外径 125mm、内径 110mm）和固定滤纸片用的塑料焊条（或弹簧圈）。采样盒结构如图 3-5 所示。

② 防雨罩。采用盆口直径 300mm、高 90mm 的防雨罩，盆底用铁皮焊一个直径 130mm、高 35mm 的圈，用于安装采样盒。

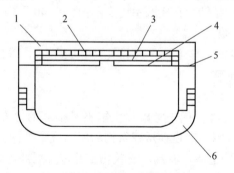

图 3-5　采样盒剖面图

1—塑料盒底；2—滤纸；3—塑料压圈；4—弹簧胀圈；5—卡簧销钉；6—塑料盒盖

③ 石灰滤纸。用两个大培养皿（直径约 15cm）各放入少量石灰悬浊液，将直径 12.5cm 定性滤纸放入第一个培养皿中浸透、沥干，再放在第二个培养皿中浸透、沥干（浸渍 5~6 张滤纸后，换新的石

灰悬浊液），然后摊放在大张干净、无氟的定性滤纸上，于 60~70℃ 烘干，装入塑料盒（袋）中，密封好放入干燥器中备用（干燥器中不加干燥剂）。

2）采样前准备。取一张石灰滤纸，平铺在平底塑料采样盒底部，用环状塑料卡圈压好滤纸边，再用具有弹性的塑料焊条或卡簧沿盒边压紧（盒上可安装铆钉卡住焊条）。将滤纸牢牢地固定，盖好盖，携至采样点。

3）采样。采样点之间距离一般为 1km 左右，距污染源近时，采样点之间距离可缩小，远离污染源的采样点之间距离可加大。采样点应设在较空旷的地方，避开局部小污染源（如烟囱等）。采样装置可固定在离地面 3.5~4m 的采样架上；在建筑物密集的地方，可安装在楼顶，与基础面相对高度应大于 1.5m。

采样时，将装好石灰滤纸的采样盒的盒盖取下，装入采样防雨罩的底部铁圈内，固定好，使石灰滤纸面向下，暴露在空气中，采样时间为 7 天到 1 个月。做好采样记录，记录放样品地点、样品编号及放样、取样时间（月、日、时）等。收取样品时，从防雨罩取出采样盒，加盖密封。

采集后的样品储存在实验室干燥器内，在 40 天内分析。

（3）降尘采样。

1）采样装置。集尘缸：内径（15±0.5）cm、高 30cm 的圆筒形玻璃缸。缸底平整。

2）采样点设置：

① 采样点选择应优先考虑集尘缸不易损坏的地方并便于更换集尘缸。普通采样点一般设在矮建筑物的屋顶或电线杆上。

② 采样点附近不应有高大建筑物，并避开局部污染源。

③ 集尘缸高度应距地面 5~12m。在某一地区，各采样点集尘缸的放置高度尽量保持一致，集尘缸支架应稳定坚固；同时在清洁区设置对照。

3）采样：

① 向集尘缸内添加 60~80mL 乙二醇，以占满缸底为准，加水量视当地气候情况而定。冬季和夏季可加 50mL，其他季节可加 100~

200mL。然后罩上塑料袋，直到将集尘缸放到采样点的固定支架上再取下塑料袋，并开始收集样品。记录放缸地点、缸号、时间等数据。

② 按月定期更换集尘缸一次（30±2 天）。取缸时应核对地点、缸号，并记录取缸时间，罩上塑料袋，带回实验室测定。取换缸的时间规定为月底 5 天内完成。在夏季多雨季节，应注意缸内积水情况，为防止水满溢出，应及时更换新缸，采集的样品合并后测定。

三、土壤采样技术

对于土壤监测而言，采样目的一般为区域土壤环境背景监测、农田土壤环境质量监测、建设项目土壤环境评价监测和土壤污染事故监测。监测项目通常包括 pH 值、阳离子交换量、全盐量、硼、氟、氮、磷、钾、镉、铬、汞、砷、铅、铜、锌、镍、六六六、滴滴涕、氰化物、六价铬、挥发酚、烷基汞、苯并 [a] 芘、有机质、硫化物、石油类等。土壤样品是由总体中随机采集的一些个体组成，个体之间存在变异，因此样品与总体之间既存在同质的"亲缘"关系，样品可作为总体的代表，但同时也存在着一定程度的异质性的，差异愈小，样品的代表性愈好；反之亦然。一方面，为了使采集的监测样品具有好的代表性，必须避免一切主观因素，使组成总体的个体有同样的机会被选入样品，即组成样品的个体应当是随机地取自总体。另一方面，一组需要相互之间进行比较的样品，应当有同样的个体组成，否则样本大的个体组成的样品，其代表性会大于样本少的个体组成的样品。所以，"随机"和"等量"是决定样品具有同等代表性的重要条件。

1. 布点方法

布点方式有简单随机、分块随机和系统随机 3 种，如图 3-6 所示。

（1）简单随机。将监测单元分成网格，每个网格编上号码，决定采样点样品数后，随机抽取规定的样品数的样品，其样本号码对应的网格号即为采样点。随机数的获得可以利用掷骰子、抽签、查随机数表的方法。关于随机数骰子的使用方法可见 GB 10111《利用随机数骰子进行随机抽样的办法》。简单随机布点是一种完全不带主观限

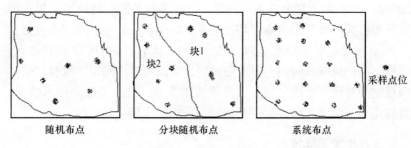

图 3-6　布点方式示意图

制条件的布点方法。

（2）分块随机。根据收集的资料，如果监测区域内的土壤有明显的几种类型，则可将区域分成几块，使每块内污染物较均匀，块间的差异较明显。将每块作为一个监测单元，在每个监测单元内再随机布点。在正确分块的前提下，分块布点的代表性比简单随机布点好，如果分块不正确，分块布点的效果可能会适得其反。

（3）系统随机。将监测区域分成面积相等的几部分（网格划分），每网格内布设一采样点，这种布点称为系统随机布点。如果区域内土壤污染物含量变化较大，系统随机布点比简单随机布点所采样品的代表性要好。

2. 农田土壤采样

（1）监测单元。土壤环境监测单元按土壤主要接纳污染物途径可划分为：

1）大气污染型土壤监测单元；

2）灌溉水污染型监测单元；

3）固体废物堆污染型土壤监测单元；

4）农用固体废物污染型土壤监测单元；

5）农用化学物质污染型土壤监测单元；

6）综合污染型土壤监测单元（污染物主要来自上述两种以上途径）。

监测单元划分要参考土壤类型、农作物种类、耕作制度、商品生产基地、保护区类型、行政区划等要素的差异，同一单元的差别应尽可能缩小。

（2）布点。根据调查目的、调查精度和调查区域环境状况等因素确定监测单元。大气污染型土壤监测单元和固体废物堆污染型土壤监测单元可以以污染源为中心放射状布点，在主导风向和地表水的径流方向适当增加采样点（离污染源的距离远于其他点）；灌溉水污染监测单元、农用固体废物污染型土壤监测单元和农用化学物质污染型土壤监测单元可采用均匀布点；灌溉水污染监测单元可采用按水流方向带状布点，采样点自纳污口起由密渐疏；综合污染型土壤监测单元布点可采用综合放射状、均匀、带状布点法。

（3）样品采集。土壤样品采集一般分为剖面样和混合样采集。常用的采样工具有铁锹、铁铲、圆状取土钻、螺旋取土钻、竹片以及适合特殊采样要求的工具等。

对于特定的调查研究监测需了解污染物在土壤中的垂直分布时，应采集土壤剖面样（剖面的规格一般为长 1.5m，宽 0.8m，深 1.2m）。

对于一般农田土壤环境监测采集耕作层土样（种植一般农作物采 0~20cm，种植果林类农作物采 0~60cm）时，为保证样品的代表性，需采集混合样。每个土壤单元设 3~7 个采样区，单个采样区可以是自然分割的一个田块，也可以由多个田块所构成，其范围以 200m×200m 左右为宜。每个采样区的样品为农田土壤混合样。混合样的采集主要有四种方法：

1）对角线法。适用于污灌农田土壤，对角线分 5 等分，以等分点为采样分点。

2）梅花点法。适用于面积较小、地势平坦、土壤组成和受污染程度相对比较均匀的地块，设分点 5 个左右。

3）棋盘式法。适宜中等面积、地势平坦、土壤不够均匀的地块，设分点 10 个左右；受污泥、垃圾等固体废物污染的土壤，分点应在 20 个以上。

4）蛇形法。适宜于面积较大、土壤不够均匀且地势不平坦的地块，设分点 15 个左右，多用于农业污染型土壤。各分点混匀后用四分法取 1kg 土样装入样品袋，多余部分弃去；同时做好记录，内容包括采样编号、日期、地点、样品类别、层次、深度及土壤特征等。

混合土壤采样点布设如图 3-7 所示。

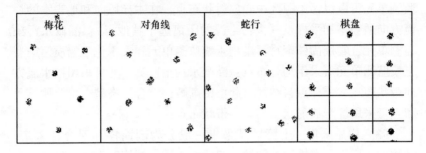

图 3-7　混合土壤采样点布设示意图

3. 建设项目土壤环境评价监测采样

每 100 公顷占地不少于 5 个且总数不少于 5 个采样点，其中小型建设项目设 1 个柱状样采样点，大中型建设项目不少于 3 个柱状样采样点，特大性建设项目或对土壤环境影响敏感的建设项目不少于 5 个柱状样采样点。

（1）非机械干扰土。如果建设工程或生产没有翻动土层，表层土受污染的可能性最大，但不排除对中下层土壤的影响。对生产或者将要生产导致的污染物，以工艺烟雾（尘）、污水、固体废物等形式污染周围土壤环境的，采样点以污染源为中心放射状布设为主，在主导风向和地表水的径流方向可适当增加采样点（离污染源的距离远于其他点）；以水污染型为主的土壤按水流方向带状布点，采样点自纳污口起由密渐疏；综合污染型土壤监测布点采用综合放射状、均匀、带状布点法。此类监测不采混合样，混合样虽然能降低监测费用，但损失了污染物空间分布的信息，不利于掌握工程及生产对土壤影响状况。

表层土样采集深度 0~20cm；每个柱状样取样深度都为 100cm，分取 3 个土样：表层样（0~20cm）、中层样（20~60cm）、深层样（60~100cm）。

（2）机械干扰土。由于建设工程或生产中，土层受到翻动影响，污染物在土壤纵向分布不同于非机械干扰土。

采样点布设同非机械干扰土。各样点取 1kg 装入样品袋，做好样品标签和采样记录（内容同上）。采样总深度由实际情况而定，一般同剖面样的采样深度，确定采样深度有 3 种方法可供参考。

1）随机深度采样。该方法适合土壤污染物水平方向变化不大的土壤监测单元，采样深度由下列公式计算：

$$深度 = 剖面土壤总深 \times RN$$

式中，RN 为 0~1 之间的随机数。

RN 由随机数骰子法产生，随机数骰子是由均匀材料制成的正 20 面体，在 20 个面上，0~9 各数字都出现两次，使用时根据需产生的随机数的位数选取相应的骰子数，并规定好每种颜色的骰子各代表的位数。其出现的数字除以 10 即为 RN。当骰子出现的数为 0 时，规定此时的 RN 为 1。

2）分层随机深度采样。该采样方法适合绝大多数的土壤采样，土壤纵向（深度）分成三层，每层采一样品，每层的采样深度由下列公式计算：

$$深度 = 每层土壤深 \times RN$$

式中，RN 为 0~1 之间的随机数，取值方法同上。

3）规定深度采样。该采样适合预采样（为初步了解土壤污染随深度的变化，制定土壤采样方案）和挥发性有机物的监测采样，表层多采，中下层等间距采样。

图 3-8 所示为机械干扰土采样方式示意图。

4. 城市土壤采样

城市土壤是城市生态的重要组成部分，虽然城市土壤不用于农业生产，但其环境质量对城市生态系统影响极大。城区内大部分土壤被道路和建筑物覆盖，只有小部分土壤栽植草木，本规范中城市土壤主要是指后者，由于其复杂性，分两层采样，上层（0~30cm）可能是回填土或受人为影响大的部分，下层（30~60cm）为人为影响相对较小部分。两层分别取样监测。

城市土壤监测点以网距 2000m 的网格布设为主，功能区布点为

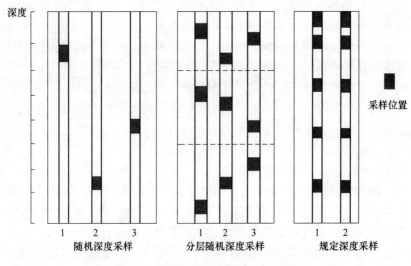

图 3-8　机械干扰土采样方式示意图

辅,每个网格设一个采样点。对于专项研究和调查的采样点可适当加密。

5. 污染事故监测土壤采样

污染事故不可预料,接到举报后立即组织采样,进行现场调查和观察,取证土壤被污染时间,根据污染物及其对土壤的影响确定监测项目,尤其是污染事故的特征污染物是监测的重点。据污染物的颜色、印渍和气味以及结合考虑地势、风向等因素初步界定污染事故对土壤的污染范围。

如果是固体污染物抛洒污染型,在打扫后采集表层 5cm 土样,采样点数不少于 3 个。

如果是液体倾翻污染型,污染物在向低洼处流动的同时,还向深度方向渗透并向两侧横向方向扩散。每个点应分层采样,在事故发生点,样品点较密,采样深度较深;离事故发生点相对远处,样品点较疏,采样深度较浅。采样点不得少于 5 个。

如果是爆炸污染型,以放射性同心圆方式布点,采样点不少于 5 个,爆炸中心采分层样,周围采表层土（0~20cm）。

　　事故土壤监测要设定 2~3 个背景对照点，各点（层）取 1kg 土样装入样品袋，有腐蚀性或要测定挥发性化合物的，可用广口瓶装样。含易分解有机物的待测定样品，采集后应置于低温（冰箱）中，直至运送、移交到实验室。

第四章 实验项目

实验一 色度的测定

水的颜色可分为表色和真色。表色是水中含有溶解物质及不溶解性悬浮物时产生的颜色，真色是水中去除悬浮物后产生的颜色。水的色度可以用铂钴比色法或稀释倍数法进行测定。铂钴比色法适用于清洁水、轻度污染并略带黄色调的水以及比较清洁的地面水、地下水和饮用水等。pH 值对颜色有较大影响，在测定时应同时测定 pH 值。稀释倍数法适用于污染较严重的地面水和工业废水。对于不同类型的水样，两种方法应独立使用，一般没有可比性。

一、实验目的

（1）掌握两种色度描述与测定方法。
（2）掌握目视比色法的原理。

二、铂钴比色法

1. 实验原理

在每升溶液中，含有 2mg 六水合氯化钴（Ⅳ）和 1mg 铂（以六氯铂（Ⅳ）酸的形式存在）时，产生的颜色为 1 度。铂钴比色法的原理为：用氯铂酸钾和氯化钴配制标准色列，与水样进行比色（与被测样品进行目视比较），样品的色度以与之相当的色度标准溶液的度值表示。

2. 实验仪器

（1）50mL 比色管，要求规格一致。

（2）pH 酸度计。

3. 实验试剂

（1）光学纯水。将 0.2μm 滤膜在 100mL 蒸馏水或去离子水中浸泡 1h，用其过滤 250mL 蒸馏水或去离子水，弃去最初的 250mL，以后用这种水配制全部标准溶液并作为稀释水。

（2）铂钴标准溶液。称取（1.245±0.001）g 氯铂酸钾及（1.000±0.001）g 氯化钴，溶于 500mL 水中，加 100mL 盐酸（$c = 1.18g/mL$），用水稀释至 1000mL。此标准溶液相当于色度 500 度。

4. 实验步骤

（1）标准色列的配置。向 8 支比色管中依次加入铂钴标准溶液 1.0、2.0、2.5、3.0、3.5、4.0、5.0、6.0 mL，用水稀释至 50 标准线，其色度分别为 10、20、25、30、35、40、50、60 度。

（2）水样测量。取 50mL 澄清水样（若水样混浊，可经离心处理，取澄清的上清液或用孔径 0.45μm 滤膜过滤）于比色管中，与标准铂钴色列进行比较。比较时，在自然光下，比色管底部衬一张白纸或白色瓷板，使光线由液柱底部向上透过。分析者对着比色管液面，自上而下地观察，记下色度。如水色超过 70 度，可取适量水样稀释后比色，直至颜色在标准色列内，记录色度。

（3）测量水样的 pH 值（与测色度同时进行）。

5. 计算

水样色度＝相当于铂钴标准色列的色度×水样稀释倍数

6. 注意事项

若无铂钴酸钾，可用重铬酸钾代替，称取 0.0437g 重铬酸钾（$K_2Cr_2O_7$）及 1.000g 硫酸钴（$CoSO_4 \cdot 7H_2O$），溶于少量水中，加入 0.50mL 浓硫酸，用水稀释至 500mL，此溶液色度为 500 度。

三、稀释倍数法

1. 试验原理

为说明工业废水的颜色种类，如深蓝色、棕黄色、暗黑色等，可用文字描述。为定量说明工业废水色度的大小，可采用稀释倍数法表示色度。即将工业废水按一定的稀释倍数，用水稀释到接近无色时，记录稀释倍数，以此表示该水样的色度。

2. 干扰及消除

如要测定水样的真色，应放置澄清取上清液，或用离心法去除悬浮物后测定；如要测定水样的表色，待水样中的大颗粒悬浮物沉降后，取上清液测定。

3. 实验仪器

50mL 具塞比色管，其标线高度要一致。

4. 试验步骤

分别取待测水样和光学纯水于比色管中，加至标线，将比色管放在白色衬板上，使光线被反射，自比色管底部向上通过比色管。垂直向下观察，比较样品和光学纯水，描述样品呈现的色度。

将水样用光学纯水逐级稀释成不同倍数，分别置于比色管中，用水稀释至标线。将比色管放在白色衬板上，用上述相同的方法与光学纯水进行比较。将水样稀释至刚好与光学纯水无法区别为止，记下此时的稀释倍数值。测色度的同时测量水样的 pH 值。

稀释方法：当水样色度较大（超过 50 倍）时，可选取较大的稀释倍数，使最终稀释后的色度在 50 倍之内。当水样的色度在 50 倍以下时，可取每次的稀释倍数为 2。

5. 计算

将逐级稀释的各次倍数相乘，所得乘积取整数值，即为样品的色度。

四、讨论

（1）铂钴比色法适用于何种类型的水样？

（2）采用稀释倍数法时应如何掌握较为准确的稀释倍数才能更接近于实际？

实验二　溶解氧（DO）的测定（碘量法）

水体与大气交换或经化学、生物化学反应后溶解于水中的氧，称为溶解氧。溶解氧的饱和含量和空气中氧的分压、大气压力、水温有密切关系。地面清洁水溶解氧一般接近饱和。如果水体受有机物或还原性物质污染，可使溶解氧降低。当气相与水体平衡速率小于污染反应速率时，溶解氧可趋近于零，厌氧菌得以繁殖，水质恶化。

对于洁净的水体可采用碘量法测定。当水体中含有氧化、还原性化学物质及藻类、悬浮物等物质时会对测定产生干扰。其中，氧化性物质可析出碘而产生正干扰，还原性物质可消耗碘而产生负干扰。因此应采用修正的碘量法。对于多数污水及生化处理出水，当水样中含亚硝酸盐氮超过 $50\mu g/L$、亚铁离子低于 $1mg/L$ 时，可采用叠氮化钠修正法；若亚铁离子高于 $1mg/L$ 时，可采用高锰酸钾修正法。水样有色或有悬浮物时，可采用明矾絮凝修正法。含有活性污泥的水样，可采用硫酸铜-氨基磺酸絮凝修正法。

电化学探头法是一种可针对地表水、地下水、生活污水、工业废水和盐水中的溶解氧进行快速测定的方法。溶解氧电化学探头是一个用选择性薄膜封闭的小室，室内有两个金属电极并充有电解质。将探头浸入水中进行溶解氧的测定时，由于电池作用或外加电压在两个电极间产生电位差，使金属离子在阳极进入溶液，同时氧气通过薄膜扩散在阴极获得电子被还原，产生的电流与穿过薄膜和电解质层的氧的传递速度成正比，即在一定的温度下该电流与水中氧的分压（或浓度）成正比。该方法根据分子氧透过薄膜的扩散速率来测定水中溶解氧，可在现场测量，方法简便、快速、易于推广。但当水体中存在氯、二氧化硫、硫化氢、氨、二氧化碳和溴等气体时，这些物质会通过膜扩散影响被测电流而干扰测定。此外，水样中的其他物质，如溶剂、油类、硫化物、碳酸盐和藻类等物质，可能堵塞、损坏薄膜或引起电极腐蚀，影响被测电流而干扰测定。

采样要求：由于溶解氧与水温和大气压力有密切关系，采样时应同时测水温、气压，并注意不得曝光和残留小气泡于采样瓶中。水样采集后，为防止溶解氧的变化，应立即固定样品。当气温与水温相差较大时，应现场固定并将已固定的水样瓶浸没于装有该水样的桶中，直到取出滴定。

一、实验目的

（1）了解和掌握水样中溶解氧测定的基本原理。

（2）学会采集试验用水样的方法。

（3）学会和掌握用碘量法测定水样中溶解氧的国家标准方法。

二、实验原理

碘量法是基于溶解氧的氧化性，于水样中加入硫酸锰和碱性碘化钾溶液生成四价锰的氢氧化物棕色沉淀，加酸溶解高价锰的氢氧化物沉淀，在碘离子存在下即释出与溶解氧量相当的游离碘，然后用硫代硫酸钠标准溶液滴定游离碘，换算出溶解氧含量。

发生的反应如下：

$$2MnSO_4 + 4NaOH =\!=\!= 2Mn(OH)_2 \downarrow + 2Na_2SO_4$$

$$2Mn(OH)_2 + O_2 =\!=\!= 2H_2MnO_3$$

$$H_2MnO_3 + Mn(OH)_2 =\!=\!= MnMnO_3 \downarrow + 2H_2O$$

$$2KI + H_2SO_4 =\!=\!= 2HI + K_2SO_4$$

$$MnMnO_3 + 2H_2SO_4 + 2HI =\!=\!= 2MnSO_4 + I_2 + 3H_2O$$

$$I_2 + 2Na_2S_2O_3 =\!=\!= 2NaI + Na_2S_4O_6$$

三、实验仪器及试剂

1. 实验仪器

（1）250mL 或 300mL 溶解氧瓶，具楔形磨口瓶塞。

（2）25mL 酸式滴定管或溶解氧专用滴定管。

2. 实验试剂

（1）硫酸锰溶液。称取 480g $MnSO_4 \cdot 4H_2O$（也可用 400g $MnSO_4 \cdot 2H_2O$ 或 364g $MnSO_4 \cdot H_2O$）溶于水中，过滤后稀释至 1L。此溶液在

酸性时，加入碘化钾后遇到淀粉不得变色。

（2）碱性碘化钾溶液。称取500g氢氧化钠溶解于300~400mL水中，另称取150g碘化钾溶于200mL水中，待氢氧化钠溶液冷却后，将两种溶液合并、混合，用水稀释至1L。若有沉淀则放置过夜后倾出上清液，储于塑料瓶中，用黑纸包裹避光。

（3）（1+5）硫酸溶液。

（4）0.5%淀粉溶液。称取0.5g可溶性淀粉，用少量水调成糊状，再用刚煮沸的水冲到100mL（亦可煮沸1~2min）。冷却后，加入0.1g水杨酸或0.4g二氯化锌防腐。

（5）硫代硫酸钠标准溶液。称取6.2g硫代硫酸钠（$Na_2S_2O_3 \cdot 5H_2O$）溶于1L煮沸放冷的蒸馏水中。加0.1g氢氧化钠，储于棕色瓶。此溶液临用前用0.025mol/L重铬酸钾标准溶液标定。标定步骤：于250mL锥形瓶内，加入约1g碘化钾及50mL水，加入10.0mL 0.0250mol/L重铬酸钾标准溶液，5mL（1+5）硫酸溶液，静置5min。此时发生下列反应：

$$K_2Cr_2O_7 + 6KI + 7H_2SO_4 =\!=\!= 4K_2SO_4 + Cr_2(SO_4)_3 + 3I_2 + 7H_2O$$

用硫代硫酸钠标准溶液滴定，待溶液变成淡黄色后，加入1mL淀粉溶液，继续滴定至蓝色刚好褪去，记录用量。

$$M_1 = (M_2 \times V_2)/V_1 \qquad (4.2-1)$$

式中　M_1——硫代硫酸钠标准溶液浓度，mol/L；

M_2——重铬酸钾标准溶液的浓度，0.0250mol/L；

V_1——滴定时消耗硫代硫酸钠溶液的体积，mL；

V_2——取用重铬酸钾标准溶液的体积，mL。

（6）0.0250mol/L（$1/6K_2Cr_2O_7$）重铬酸钾标准溶液。称取在105℃烘干2h并冷至室温的重铬酸钾1.2258g溶于水中，移入1000mL容量瓶稀释至标线。

（7）碘化钾。

四、实验步骤

用虹吸法采集水样移到溶解氧瓶内，并使水样从瓶口溢流出10s左右，然后盖好瓶盖，要求瓶内无残留微小气泡。打开瓶盖，将移液管插入液面下，依次加入 1mL 硫酸锰溶液及 2mL 碱性碘化钾溶液。盖好瓶盖，勿使瓶内有气泡，颠倒混合 15 次，静置。待棕色絮状沉淀降到瓶的一半时，再颠倒数次。

分析时轻轻打开瓶塞，立即用吸管插入液面下，加入 2.0mL 浓硫酸，小心盖好瓶盖，颠倒混合摇匀至沉淀物全部溶解为止。若溶解不完全可继续加入少量浓硫酸，但此时不可溢流出溶液。然后放置暗处 5min，用吸管吸取 100mL 上述溶液，注入 250mL 锥形瓶中，用已标定的硫代硫酸钠标准溶液滴定到溶液呈现微黄色，加入 1mL 淀粉溶液，继续滴定至恰使蓝色褪去为止，记录用量。

五、实验结果计算与分析

$$溶解氧(O_2，mg/L) = (M \times V \times 8 \times 1000)/100 \qquad (4.2-2)$$

式中　M——硫代硫酸钠标准溶液浓度，mol/L；

　　　V——滴定时消耗硫代硫酸钠标准溶液毫升数；

　　　8——$1/4 O_2$ 的摩尔质量，g/mol；

　　100——水样体积，mL。

六、注意事项

（1）如果水样中含有的游离氯大于 0.1mg/L，应预先加硫代硫酸钠去除。可先用两个溶解氧瓶，各取出一瓶水样，对其中一瓶加入 5mL（1+5）硫酸和 1g 碘化钾，摇匀，此时游离出碘。以 0.5% 淀粉溶液作指示剂，用硫代硫酸钠标准溶液滴定，记下用量，然后向另一瓶水样中加入上述测得量的硫代硫酸钠标准溶液，摇匀，再按前述操作步骤进行固定和测定。

（2）水样中有藻类和悬浮物时，在酸性溶液中要消耗较多的碘而干扰测定。可先用一个 500～1000mL 具塞细口瓶取满水样，加入 10mL 10% 明矾 [$KAl(SO_4)_2 \cdot 12H_2O$] 溶液，再加入 1～2mL 浓氨水，盖好瓶塞，颠倒混匀 1min。放置 10min 后，将上清液虹吸至溶解氧瓶中，进行固定和测定。

（3）当水样混有活性污泥之类的生物絮凝体时会干扰测定，水样必须预处理。量取 10mL 硫酸铜-氨基黄酸抑制液（溶解 32g 氨基磺酸（NH_2SO_2OH）于 475mL 水中，另溶解 50g 硫酸铜（$CuSO_4 \cdot 5H_2O$）于 500mL 水中，将两者混合在一起，加入 25mL 冰醋酸）于 1L 广口瓶内，将水样虹吸入此瓶，并溢流出总体积的 25%~50%。盖好瓶盖，上下颠倒，混合均匀。静置后，把上清液虹吸到溶解氧瓶内，按修正法操作步骤进行固定测定。

七、讨论题

（1）常用的测定溶解氧的方法有哪几种？污染的水体和工业废水采用哪种方法？

（2）在加药剂时，移液管为什么要插入液面下？

（3）滴定时，淀粉指示剂为何不宜过早加入？

实验三　化学需氧量的测定

化学需氧量（chemical oxygen demand，简称 COD）是指水体中易被强氧化剂氧化的还原性物质所消耗的氧化剂的量，以氧的 mg/L 值表示。化学需氧量反映了水中受还原性物质污染的程度，这些物质包括有机物、亚硝酸盐、亚铁盐、硫化物等。通常，生活污水或一般工业废水中以有机物为主，无机还原性物质的含量相对较低。因此，化学需氧量也可作为评价水体有机污染物含量的一项综合性指标。

常用 COD 测定的方法为重铬酸钾氧化法，该方法易操作，可针对不同类型及不同浓度水样，测定结果准确，但试剂用量较大，加热回流时间较长，需回流 2h。在目前的快速分析方法中，以《锅炉用水和冷却用水分析方法　化学需氧量的测定　重铬酸钾快速法》（GB/T 14420—2014）及《水和废水监测分析方法（第四版）》中快速密闭催化消解法（含光度法）为代表，采用提高消解反应体系中氧化剂浓度、增加硫酸酸度、提高反应温度、增加助催化剂等条件来提高反应速度，缩短反应时间，在一定程度上可弥补经典标准方法的不足。

一、实验目的

（1）掌握重铬酸钾氧化法测定水样中化学需氧量（COD_{Cr}）的原理。

（2）掌握重铬酸钾氧化法测定水样中化学需氧量（COD_{Cr}）的操作过程。

二、实验原理

在强酸性溶液中，加入准确过量的重铬酸钾，将水样中还原性物质（主要是有机物）氧化，过量的重铬酸钾以试亚铁灵作指示剂，用硫酸亚铁铵溶液回滴，根据所消耗的硫酸亚铁铵溶液量算出水样中的化学需氧量。

三、实验仪器及试剂

1. 实验仪器

（1）全玻璃回流装置（500mL），如图 4.3-1 所示。

（2）加热装置（六联电炉）。

（3）滴定管（25mL）。

（4）锥形瓶（500mL）。

（5）移液管。

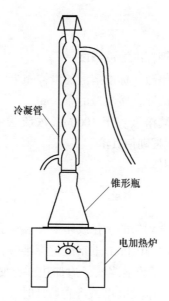

冷凝管

锥形瓶

电加热炉

图 4.3-1　测定 COD 的回流装置

2. 实验试剂

（1）重铬酸钾标准溶液 $c_{(1/6K_2Cr_2O_7)} = 0.2500\text{mol/L}$。称取 12.258g 优级纯重铬酸钾（预先在 $105 \sim 110℃$ 烘 2h，置于干燥器中冷却至室温）溶于水中，并转移至 1000mL 容量瓶中，定容，摇匀后备用。

（2）试亚铁灵指示剂。称取 1.49g 邻菲罗啉和 0.695g 硫酸亚铁（$FeSO_4 \cdot 7H_2O$）溶于水中，稀释至 100mL，储于棕色瓶中。

（3）硫酸亚铁铵标准溶液 $c_{(1/2FeSO_4 \cdot (NH_4)_2SO_4 \cdot 6H_2O)} \approx 0.1mol/L$。

配制：称取 39.5g 硫酸亚铁铵（$FeSO_4 \cdot (NH_4)_2SO_4 \cdot 6H_2O$）溶于水中，加入 20mL 浓 H_2SO_4，冷却后稀释至 1000mL，摇匀。使用前标定其浓度。

标定：用移液管移取 10.0mL 重铬酸钾标准溶液于 250mL 锥形瓶中，用水稀释至 110mL，加 30mL 浓硫酸，冷却后加入 3 滴试亚铁灵指示剂，用硫酸亚铁铵标准溶液滴定到溶液由黄色经蓝绿至刚变为红褐色为止。

计算公式：

$$c = c_1 V_1 / V \tag{4.3-1}$$

式中　c_1——重铬酸钾标准溶液浓度；

　　　V_1——吸取重铬酸钾标准溶液的量，mL；

　　　V——消耗硫酸亚铁铵溶液的量，mL。

（4）硫酸银-硫酸溶液：于 1000mL 浓硫酸中加入 10g 硫酸银，放置 1~2 天，不时地摇动使其溶解。

（5）硫酸汞（固体）。

四、实验步骤

移取 20.0mL 混合均匀的焦化或印染废水样于 500mL 带回流装置的锥形瓶中，准确加入 10.0mL 重铬酸钾标准液，加入 0.4g 硫酸汞，慢慢加入 30mL 硫酸-硫酸银溶液，边加边摇，使溶液混合均匀，加入数粒玻璃珠，加热回流 2h（溶液沸腾后计时）。

稍冷后，用少许水冲洗冷凝器壁，然后取下锥形瓶，再用水稀释至约 140mL（溶液总体积不少于 140mL，否则酸度太大，滴定终点不明显）。

溶液冷至室温后，加入 3 滴试亚铁灵指示剂，用硫酸亚铁铵标准溶液滴定至刚变红褐色为止。记录所消耗硫酸亚铁铵标准液的毫升数 V_1。

在测定水样的同时，以 20mL 蒸馏水做空白，操作步骤同以上各步。记录所消耗硫酸亚铁铵标准液毫升数 V_0。

五、实验结果计算与分析

$$\text{COD}_{Cr}(O_2,\ \text{mg/L}) = \left[(V_0 - V_1) \times c \times 8 \times 1000\right]/V$$

(4.3-2)

式中　c——硫酸亚铁铵标准溶液浓度；

　　　V_1——水样消耗硫酸亚铁铵标准液的毫升数；

　　　V_0——空白消耗硫酸亚铁铵标准液的毫升数；

　　　V——水样体积，mL；

　　　8——氧（$1/2O_2$）摩尔质量，g/mol。

六、注意事项

对于污染严重的水样，可先取上述操作所需体积 1/10 的水样和试剂放入试管内，摇匀，加热后观察溶液是否变绿；如变绿，再适量减少水样试之，至溶液不变绿为止，从而确定测定时所取水样体积。对 COD 值高的水样，稀释时所取水样量不得少于 5mL，应多次稀释。

若水样中氯离子浓度大于 30mg/L，可加硫酸汞排除干扰。使用 0.4g $HgSO_4$ 可络合 40mg 氯离子，若氯离子浓度更高，可补加 $HgSO_4$，$HgSO_4 : Cl^- = 10 : 1$（重量比）。如出现少量沉淀，并不影响测定。

水样加热回流后，溶液中重铬酸钾剩余量为加入量 1/5 ~ 4/5 为宜。

七、思考题

（1）水样测定时为什么需要做空白校正？

（2）水样中还原性物质的种类对测定结果会产生怎样的影响？

实验四 滴定法测定水样中的氨氮

氨氮是指水体中以游离氨和铵离子形式存在的氮。其中，游离氨（NH_3）或铵盐（NH_4^+）的具体组成受水体的 pH 值影响较大。当 pH 值较高时，以游离氨为主；当 pH 值较低时则以铵盐为主。

水体中氨氮的来源主要为生活污水、工业废水（如焦化废水和合成氮肥厂废水等）以及农田含氮化肥的流失等。在无氧环境中，水中存在的亚硝酸盐氮亦可受微生物作用，还原为氨；在有氧环境中氨亦可转换为亚硝酸盐或继续转变为硝酸盐。氨氮是水体中的营养元素，可导致水富营养化现象产生，是水体中的主要耗氧污染物，对鱼类及某些水生生物有毒害作用。

氨氮含量较高时可采用蒸馏-酸滴定法。滴定法仅适用于已进行蒸馏预处理的水样。

一、实验目的

（1）掌握蒸馏-酸滴定法测定水体中氨氮的原理。
（2）掌握蒸馏-酸滴定法测定水样中氨氮的基本操作方法。

二、实验原理

对于含氨氮的水样，加入适量碱性物质可以使水样使呈微碱性，此时氨氮以游离氨的形式存在，采用加热蒸馏的方式可将氨释放出来，并被硼酸溶液吸收。吸收的氨氮可以用稀硫酸以甲基红-亚甲蓝混合溶液作指示剂进行滴定，得到水样中氨氮含量。

三、实验仪器及试剂

1. 实验仪器
（1）带氮球的定氮氨氮蒸馏装置（图 4.4-1）。
（2）500mL 凯氏烧瓶。
（3）氮球、直形冷凝管和导管。

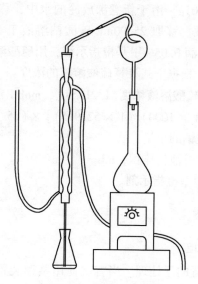

图 4.4-1　氨氮蒸馏装置

2. 试剂

实验用水样稀释及试剂配制均用无氨水。

（1）1mol/L 盐酸溶液（调节水样 pH 值）。

（2）1mol/L 氢氧化钠溶液（调节水样 pH 值）。

（3）轻质氧化镁。

（4）0.05% 溴百里酚蓝指示液。

（5）吸收液。硼酸溶液，20g 硼酸溶于水，稀释至 1L。

（6）混合指示剂。200mg 甲基红溶于 100mL 95% 乙醇；另称取 100mg 亚甲蓝溶于 50mL 95% 乙醇。以两份甲基红溶液与一份亚甲蓝溶液混合后供用。

（7）碳酸钠溶液（浓度 0.5g/500mL）。

（8）硫酸标准溶液（$1/2H_2SO_4 = 0.020mol/L$）。分取 5.6mL（1+9）硫酸溶于 1000mL 容量瓶中稀释至标线，混匀。按下述操作进行标定：

称取经 180℃ 干燥 2h 的基准试剂级无水碳酸钠（Na_2CO_3）约

0.5g(准确至 0.0001g) 溶于新煮沸放冷的水中，移入 500mL 的容量瓶中，稀释至标线。移取 25.00mL 碳酸钠溶液于 150mL 锥形瓶中，加 25mL 水，加 1 滴 0.05%甲基橙指示液，用硫酸溶液滴定至淡红色为止。记录用量，根据下式计算硫酸溶液的浓度：

$$硫酸溶液浓度(1/2H_2SO_4，mol/L)$$
$$= [(W \times 1000)/(V \times 52.995)] \times (25/500) \qquad (4.4-1)$$

式中　W——碳酸钠的重量，g；

　　　V——硫酸溶液的体积，mL。

(9) 0.05%甲基橙指示剂。

四、实验步骤

1. 蒸馏预处理

(1) 蒸馏装置的预处理。当首次使用蒸馏装置时，加 250mL 水于凯氏烧瓶中，加 0.25g 轻质氧化镁和数粒玻璃珠加热蒸馏，至馏出液不含氨止，弃去瓶内残液（如果是连续使用，这一步则可以省略）。

(2) 分取 250mL 水样（如氨氮含量较高，可分取适量并加水至 250mL，使氨氮含量不超过 2.5mg），移入凯氏烧瓶中，加数滴溴百里酚蓝指示液，用氢氧化钠溶液或盐酸溶液调节 pH 值至 7 左右，加入 0.25g 轻质氧化镁和数粒玻璃珠，立即连接氮球和冷凝管，导管下端插入吸收液液面下，加热蒸馏，至馏出液达 200mL 时停止蒸馏，定容至 250mL。

采用酸滴定法时，以 50mL 硼酸溶液为吸收液。

(3) 注意事项。蒸馏时应避免发生暴沸，否则可造成馏出液温度升高，氨吸收不完全。防止在蒸馏时产生泡沫，必要时可加入少许石蜡碎片于凯氏烧瓶中。

水样如含余氯，则应加入适量 0.35%硫代硫酸钠溶液，每 0.5mL 可除去 0.25g 余氯。

2. 测定

(1) 水样的测定。在全部经蒸馏预处理、以硼酸溶液为吸收液的馏出液中加 2 滴混合指示液，用 0.020mol/L 硫酸溶液滴定至绿色转变成淡紫色为止，记录用量。

（2）空白试验。以无氨水代替水样，其他测定条件、步骤同测定水样一样。

五、实验结果计算与分析

$$氨氮(N, mg/L) = (A - B) \times M \times 14 \times 1000/V \quad (4.4-2)$$

式中　A——滴定水样时消耗硫酸溶液体积，mL；

B——空白试验消耗硫酸溶液体积，mL；

M——硫酸溶液浓度，mol/L；

V——水样体积，mL；

14——氨氮（N）摩尔质量。

六、讨论题

（1）当水样中含有挥发性有机物时，是否会对测定结果产生影响？

（2）蒸馏预处理过程中，如何调控 pH 值？

实验五　二苯碳酰二肼分光光度法
测定水样中六价铬

铬化合物常见价态有三价和六价。在水中，Cr^{6+} 一般以 $HCrO_4^-$、$Cr_2O_7^{2-}$ 和 CrO_4^{2-} 的形式存在，受水中 pH 值、有机物、氧化还原电位、温度及硬度等条件影响，铬的存在形态可发生改变。铬是生物体所必需的微量元素之一，通常认为 Cr^{6+} 的毒性是 Cr^{3+} 的 100 倍，Cr^{6+} 容易在人体内蓄积。水样中六价铬浓度达 1mg/L 时，呈淡黄色且有涩味，水样中三价铬浓度为 1mg/L 时，水样浊度增加。

铬的来源主要是铬的生产加工、金属表面处理、皮革鞣制、印染等行业。水样中六价铬的测定可以采用二苯碳酰二肼分光光度法、滴定法等。如果测定总铬或三价铬，则用 $KMnO_4$ 将三价铬氧化成六价铬得到总铬，并用差减法得到三价铬。该方法适用于地面水和工业废水中六价铬的测定。

一、实验目的

掌握采用二苯碳酰二肼分光光度法测定水样中六价铬的原理及方法。

二、测定原理

在酸性溶液中，六价铬与二苯碳酰二肼反应生成紫红色化合物，于波长 540nm 处进行分光光度测定。含铁量大于 1mg/L 的水样显色后呈黄色，六价钼和汞与显色剂反应也会生成有色化合物，但在本方法的显色酸度下反应不灵敏。钼和汞达到 200mg/L 时不干扰测定。钒含量高于 4mg/L 干扰测定，但钒与显色剂反应 10min 后可自行褪色。

三、实验仪器与试剂

1. 实验仪器

（1）分光光度计（配 10mm、30mm 比色皿）。

（2）50mL 比色管（10 支）。

2. 试剂

（1）丙酮。

（2）（1+1）硫酸。

（3）（1+1）磷酸。

（4）0.4%(m/V) 氢氧化钠溶液。

（5）氢氧化锌共沉淀剂。称取硫酸锌（$ZnSO_4 \cdot 7H_2O$）8g，溶于 100mL 水中；称取氢氧化钠 2.4g 溶于 120mL 水中。使用时将以上两溶液混合。

（6）4%(m/V) 高锰酸钾溶液。

（7）铬标准储备液。称取于 120℃ 干燥 2h 的重铬酸钾（优级纯）0.2829g，用水溶解，移入 1000mL 容量瓶中，用水稀释至标线，摇匀。每毫升储备液含 0.100mg 六价铬。

（8）铬标准使用液。吸取 5.0mL 铬标准储备液于 500mL 容量瓶中，用水稀释至标线，摇匀。每毫升标准使用液含 1.00μg 六价铬。使用当天配制。

（9）20%(m/V) 尿素溶液。

（10）2%(m/V) 亚硝酸钠溶液。

（11）二苯碳酰二肼显色剂（Ⅰ）。称取二苯碳酰二肼（$C_{13}H_{14}N_4O$）0.2g，溶于 50mL 丙酮中，加水稀释至 100mL，摇匀，储于棕色瓶中，置于冰箱中保存。颜色变深后不能再用。

（12）二苯碳酰二肼显色剂（Ⅱ）。称取二苯碳酰二肼（$C_{13}H_{14}N_4O$）2.0g，溶于 50mL 丙酮中，加水稀释至 100mL，摇匀，储于棕色瓶中，置于冰箱中保存。颜色变深后不能再用。

四、测定步骤

1. 水样预处理

（1）对不含悬浮物、低色度的清洁地面水，可直接进行测定。

（2）如果水样有色但不深，可进行色度校正。即另取一份试样，加入除显色剂以外的各种试剂，以 2mL 丙酮代替显色剂，用此溶液作为测定试样溶液吸光度的参比溶液。

（3）对浑浊、色度较深的水样，应加入氢氧化锌共沉淀剂并进行过滤处理。取适量样品（含六价铬少于 $100\mu g$）于 150mL 烧杯中，加水至 50mL。滴加氢氧化钠溶液，调节溶液 pH 值为 7~8。在不断搅拌下，滴加氢氧化锌共沉淀剂至溶液 pH 值为 8~9。将此溶液转移至 100mL 容量瓶中，用水稀释至标线。用慢速滤纸过滤，弃去 10~20mL 初滤液，取其中 50mL 滤液供测定。当样品经锌盐沉淀分离法做前处理后仍含有机物干扰测定时，可用酸性高锰酸钾氧化法破坏有机物后再测定。即取 50.0mL 滤液于 150mL 锥形瓶中，加入几粒玻璃，加入 0.5mL 硫酸溶液、0.5mL 磷酸溶液，摇匀。加入 2 滴高锰酸钾溶液，如紫红色消褪，则应添加高锰酸钾溶液保持紫红色。加热煮沸至溶液体积约剩 20mL，取下稍冷，用定量中速滤纸过滤，用水洗涤数次，合并滤液和洗液至 50mL 比色管中。加入 1mL 尿素溶液，摇匀。用滴管滴加亚硝酸钠溶液，每加一滴充分摇匀，至高锰酸钾的紫红色刚好褪去。稍停片刻，待溶液内气泡逸尽，转移至 50mL 比色管中，用水稀释至标线，供测定用。

（4）水样中存在次氯酸盐等氧化性物质时，干扰测定，可加入尿素和亚硝酸钠消除。取适量样品（含六价铬少于 $50\mu g$）于 50mL 比色管中，用水稀释至标线，加入 0.5mL 硫酸溶液、0.5mL 磷酸溶液、1.0mL 尿素溶液，摇匀。逐滴加入 1mL 亚硝酸钠溶液，边加边摇，以除去由过量的亚硝酸钠与尿素反应生成的气泡，待气泡除尽后加显色剂显色。

（5）水样中存在低价铁、亚硫酸盐、硫化物等还原性物质时，可将 Cr^{6+} 还原为 Cr^{3+}。取适量样品（含六价铬少于 $50\mu g$）于 50mL 比色管中，用水稀释至标线，加入 4mL 显色剂（Ⅱ），混匀，放置 5min 后，加入 1mL 硫酸溶液，摇匀。5~10min 后，在 540nm 波长处，用 10mm 或 30mm 光程的比色皿，以水做参比，测定吸光度。扣除空白试验测得的吸光度后，从校准曲线查得六价铬含量。采用同样方法作校准曲线。

2. 水样的测定

取适量（含 Cr^{6+} 少于 $50\mu g$）无色透明或经预处理的水样于 50mL

比色管中，用水稀释至标线，加入 0.5mL 硫酸溶液和 0.5mL 磷酸溶液，摇匀。加入 2mL 显色剂（Ⅰ），摇匀。5~10min 后于 540nm 波长处用 10mm 或 30mm 比色皿，以水为参比，测定吸光度并作空白校正，从标准曲线上查得 Cr^{6+} 的含量。

3. 标准曲线的绘制

向一系列 50mL 比色管中分别加入 0mL、0.20mL、0.50mL、1.00mL、2.00mL、4.00mL、6.00mL、8.00mL 和 10.00mL 铬标准使用液（如经锌盐沉淀分离法前处理，则应加倍吸取），用水稀释至标线，按照与水样测定相同的步骤进行显色、测定。得到的吸光度经空白校正后，以吸光度为纵坐标、六价铬含量为横坐标绘出标准曲线。

五、结果计算

$$六价铬（Cr^{6+}，mg/L）= m/V \qquad (4.5-1)$$

式中　m——由校准曲线查得的六价铬量，μg；

　　　V——水样的体积，mL。

六、讨论题

（1）水体中含有还原性物质对测定结果会产生怎样的影响？

（2）如果要测定水样中的总铬或三价铬，应对实验步骤做哪些调整？

实验六　混凝实验

水中悬浮的颗粒在粒径小到胶体程度时，其布朗运动的能量可以阻止重力的作用，并且悬浮颗粒表面往往带有电荷（常常是负电），同种电荷的斥力增加了悬浮液的稳定性，可以在水中长时间保持稳定状态，使水体浑浊。去除水体中胶体颗粒常用的方法是加入混凝剂。对于不同来源的污水，因水质差别混凝效果不尽相同。混凝剂的混凝效果与混凝剂的种类、投加量以及原水的 pH 值、水流速度梯度等因素有关。

一、实验目的

（1）掌握混凝原理及影响因素。

（2）掌握确定水体最佳混凝条件（包括投加量、pH 值、水流速度梯度）的基本方法和操作过程。

二、实验原理

胶体颗粒（直径 $10^{-9} \sim 10^{-7} \mathrm{m}$）表面一般带有负电荷，颗粒之间相互排斥，呈现出布朗运动的特征，可以长期稳定地分散在水中，使水体呈现浑浊状态。如果向水体中加入带相反电荷的混凝剂去中和颗粒表面的电荷，可以使颗粒"脱稳"，并通过碰撞、表面吸附、范德华引力等作用，互相结合变大，从水中分离出来。

混凝剂种类繁多，分为无机混凝剂、有机混凝剂以及有机-无机复合混凝剂。常见的有铝盐、铁盐及其聚合物等。混凝剂的混凝效果与混凝剂种类直接影响混凝效果。同一种混凝剂，投加量不足或过多均不会取得满意的混凝效果。对于某些混凝剂，如 $Al_2(SO_4)_3$、$FeCl_3$ 等，其混凝效果还受水的 pH 值影响。如果 pH 值过低（小于 4），则混凝剂水解受到限制，混凝作用较差；如果 pH 值过高（大于 9~10），它们就会出现溶解现象，生成带负电荷的络合离子，也不能很好发挥混凝作用。投加混凝剂后，水体中胶体颗粒脱稳后相互聚结，逐渐变成大的絮凝体，这时，水流速度梯度 G 值的大小起着主要的作用。在混凝搅拌实验中、水流速度梯度 G 值可按下式计算：

$$G = (P/\mu V)^{1/2}$$

式中　P——搅拌功率，J/s；

　　　μ——水的黏度，Pa·s；

　　　V——被搅动的水流体积，m^3。

混凝过程受多种条件因素影响。因此，在混凝过程中，确定最佳的混凝条件对取得最佳的混凝效果至关重要。

三、实验仪器与试剂

1. 实验仪器

（1）八联实验搅拌器。

（2）数显光电浊度仪（WGZ-3 型）。

（3）酸度计（PHS-25 型）。

（4）烧杯（500mL）。

（5）量筒（500mL）。

（6）移液管（1mL、2mL、5mL）。

（7）注射针筒、温度计、秒表等。

2. 试剂

（1）精制硫酸铝 $Al_2(SO_4)_3 \cdot 18H_2O$，浓度 10g/L。

（2）三氯化铁 $FeCl_3 \cdot 6H_2O$，浓度 10g/L。

（3）聚合氯化铝 $[Al_2(OH)_m Cl_{6-m}]_k$，浓度 10g/L。

（4）盐酸 HCl，浓度 10%。

（5）氢氧化钠 NaOH，浓度 10%。

四、实验步骤

1. 最佳投药量实验步骤

（1）取一定量污水厂调节池原水或其他来源水质稳定的污水。测定原水水样混浊度、pH 值、温度等水质指标。

（2）确定形成矾花所用的最小混凝剂量。取 500mL 烧杯，加入 200mL 原水，慢速搅拌（50r/min），用移液管每次增加 0.2mL 的混凝剂投加量，直至出现矾花为止。这时的混凝剂量作为形成矾花的最小投加量。

（3）取 8 个 500mL 的烧杯，分别放入 500mL 原水，置于八联实验搅拌机上。根据步骤（2）得出的形成矾花最小混凝剂投加量，将最小混凝剂投加量的 1/4、2/4、3/4、4/4、5/4、6/4、7/4、8/4 分别加入 1 号、2 号、3 号、4 号、5 号、6 号、7 号、8 号烧杯。

（4）启动搅拌机，快速搅拌 30s，转速约 250r/min；中速搅拌 10min，转速约 130r/min；慢速搅拌 10min，转速约 50r/min。

（5）关闭搅拌机，静置沉淀 10min，用注射针筒抽出烧杯的上清液放入浊度测样瓶中，立即用浊度仪测定浊度（每杯水样测定 2～3 次），记入表 4.6-1 中。

2. 最佳 pH 值实验步骤

（1）测定原水浊度、pH 值、温度。所用原水与最佳投药量实验时相同。

（2）取 8 个 500mL 烧杯分别放入 500mL 原水，置于实验搅拌机平台上。

（3）调整原水 pH 值，用移液管依次向 1 号、2 号、3 号、4 号装有水样的烧杯中分别加入 2.5mL、1.5mL、1.2mL、0.7mL 10% 浓度的盐酸。依次向 6 号、7 号、8 号装有水样的烧杯中分别加入 0.2mL、0.7mL、1.2mL 10% 浓度的氢氧化钠。

该步骤也可采用变化 pH 值的方法，即调整 1 号烧杯水样使其 pH 值等于 3，其他水样的 pH 值（从 1 号烧杯开始）依次增加一个 pH 值单位。

（4）启动搅拌机，快速搅拌 30s，转速约 250r/min。随后取下水样，用 pH 计测定各水样 pH 值，记入表 4.6-2 中。

（5）用移液管向各烧杯中加入相同剂量的混凝剂（投加剂量为最佳投药量实验中得出的最佳投药量）。

（6）启动搅拌机，快速搅拌 30s，转速约 250r/min；中速搅拌 10min，转速约 130r/min；慢速搅拌约 10min，转速约 50r/min。

（7）关闭搅拌机，静置 10min，用注射针筒抽出烧杯中的上清液放入浊度测样瓶中，立即用浊度仪测定浊度（每杯水样测定 2～3 次），记入表 4.6-2 中。

3. 混凝阶段最佳速度梯度实验步骤

（1）测定原水水样混浊度、pH 值、温度等水质指标。

（2）按照最佳 pH 值实验和最佳投药量试验所得出的最佳混凝 pH 值和投药量，分别向 6 个装有 500mL 水样的烧杯中加入相同剂量的盐酸 HCl（或氢氧化钠 NaOH）和混凝剂，置于实验搅拌机平台上。

（3）启动搅拌机快速搅拌 0.5min，转速约 250r/min。随即把其余烧杯移到别的搅拌机上，1 号烧杯继续以 250r/min 转速搅拌 20min。其他各烧杯分别用 210r/min、170r/min、130r/min、90r/min、50r/min 转速搅拌 20min。

（4）关闭搅拌机，静置 10min，分别用注射针筒抽出烧杯中的上清液放入浊度测样瓶中，立即用浊度仪测定浊度（每杯水样测定 2～3 次），记入表 4.6-3 中。

五、实验结果整理

1. 最佳投药量实验结果整理

（1）把原水特征、混凝剂投加情况、沉淀后的剩余浊度记入表 4.6-1。

（2）以沉淀水浊度为纵坐标，混凝剂加注量为横坐标，绘出浊度与药剂投加量关系曲线，并从图上求出最佳混凝剂投加量。

表 4.6-1 最佳投药量试验记录

第_____ 小组； 姓名_____； 试验日期_____

原水水温_____℃；浊度_____mg/L; pH_____；

使用混凝剂种类_____；浓度_____

水样编号	1 号	2 号	3 号	4 号	5 号	6 号	7 号	8 号
混凝剂加注量/mL								
矾花形成时间/min								

续表 4.6-1

	1						
沉淀水浊度	2						
/mg·L⁻¹	3						
	平均						
备注：	1	快速搅拌 /min		转速	（r/min）		
	2	中速搅拌 /min		转速	（r/min）		
	3	慢速搅拌 /min		转速	（r/min）		
	4	沉淀时间 /min					

2. 最佳 pH 值试验结果整理

（1）把原水特征、混凝剂加注情况、沉淀水浊度记入表 4.6-2。

（2）以沉淀水浊度为纵坐标，水样 pH 值为横坐标绘出浊度与 pH 值关系曲线，从图上求出所投加混凝剂的混凝最佳 pH 值及其适用范围。

表 4.6-2　最佳 pH 值试验记录

第_____小组；　姓名_____；　试验日期_____
原水水温_____℃；浊度_____mg/L; pH_____；
使用混凝剂种类_____；浓度_____

水样编号		1 号	2 号	3 号	4 号	5 号	6 号	7 号	8 号
HCl 投加量/mL									
NaOH 投加量/mL									
pH 值									
混凝剂加注量/mL									
沉淀水浊度 /mg·L⁻¹	1								
	2								
	3								
	平均								

备注：	1	快速搅拌 /min	转速 （r/min）
	2	中速搅拌 /min	转速 （r/min）
	3	慢速搅拌 /min	转速 （r/min）
	4	沉淀时间 /min	

3. 混凝阶段最佳速度梯度试验结果整理

（1）把原水特征、混凝剂加注量、pH 值、搅拌速度记入表4.6-3。

（2）以沉淀水浊度为纵坐标，速度梯度值为横坐标绘出浊度与速度梯度值关系曲线，从曲线中求出所加混凝剂阶段适宜的搅拌速度值范围。

表 4.6-3　混凝阶段最佳速度梯度试验记录

第_____小组；　姓名_____；　试验日期_____

原水水温_____℃；浊度_____mg/L; pH_____ ;

使用混凝剂种类_____；浓度_____

水样编号		1 号	2 号	3 号	4 号	5 号	6 号
水样 pH 值							
混凝剂加注量/mL							
搅拌速度/r · min^{-1}							
时间/min							
沉淀水浊度 /mg · L^{-1}	1						
	2						
	3						
	平均						

注意:

(1) 在最佳投药量、最佳 pH 值实验中,向各烧杯投加药剂时应同时投加,避免因时间间隔较长各水样加药后反应时间长短相差太大,对混凝条件产生影响。

(2) 在测定水的浊度时,用注射针筒抽吸上清液,不要扰动底部沉淀物;同时,应尽量减小各烧杯抽吸的时间间隔。

六、试验结果讨论

(1) 根据实验结果分析混凝剂投加量、水样 pH 及搅拌速度对混凝效果的影响。

(2) 比较不同种类混凝剂的最佳 pH 有何不同。

实验七 吸附、氧化、混凝联合深度 处理工业废水实验

工业废水来源广泛、成分复杂，具有明显的行业特征。如焦化废水中含有数十种无机和有机化合物。其中无机化合物主要包括氨盐、硫氰化物、硫化物、氰化物等，有机化合物除酚类外，还有单环及多环的芳香族化合物，含氮、硫、氧的杂环化合物等，是一种典型的难处理高浓度工业废水；染料废水污染物具有浓度高、色度大、生物难降解物质多、盐分含量高等特点。通常，这些废水一般要通过一级处理、二级处理和深度处理才能排放。

一、实验目的

掌握吸附、氧化及混凝去除工业（印染、焦化）废水色度和COD的原理、方法及操作过程。

二、实验原理

目前常用的深度处理方法主要有混凝法、吸附法、氧化法等。混凝沉淀是常用的深度处理方法，常用的混凝材料有无机混凝剂、有机混凝剂以及黏土矿物等。采用混凝沉淀法虽然设备简单、操作方便，但对某些工业废水处理效果不明显，易受环境影响，难以达到预期的处理效果。而采用膜分离法虽然污染物去除效果很好，但价格高昂、操作过程复杂，大大增加了废水的处理成本。化学氧化法能将废水中呈溶解态的无机物和有机物转化为微毒、无毒物质或转化成容易与水分离的形态，因而常被用作一种联合或强化处理方法。在吸附法中，常用的吸附剂有活性炭、离子交换树脂等，但这些吸附剂价格昂贵，且再生成本较高。近年来，天然黏土矿物以其成本较低、吸附性能较强的特点在环境工程领域内的应用不断增加。对于焦化废水、染料废水这类成分复杂的废水，单独采用吸附、混凝或氧化法有时难以达到预期的处理效果，而通过吸附、混凝、氧化联合处理则可显著提高处

理效果，实现中水回用或达标排放。

三、实验试剂与仪器

1. 实验仪器

（1）500mL 烧杯。

（2）50mL 比色管。

（3）全玻璃回流装置。

（4）二联电炉。

2. 试剂

（1）改性膨润土（钠基膨润土，过 300 目筛）。

（2）次氯酸钙。

（3）聚合氯化铝（PAC），质量浓度为 0.6%。

（4）聚丙烯酰胺（PAM），质量浓度为 0.1%。

（5）重铬酸钾标准溶液浓度 $c_{(1/6K_2Cr_2O_7)} = 0.2500mol/L$。

配制：称取 12.258g 优级纯重铬酸钾（预先在 $105 \sim 110℃$ 烘 2h，置于干燥器中冷至室温）溶于水中，并转移至 1000mL 容量瓶中，定容，摇匀后备用。

（6）硫酸亚铁铵标准溶液 $c_{(1/2FeSO_4 \cdot (NH_4)_2SO_4 \cdot 6H_2O)} \approx 0.1mol/L$。

配制：称取 39.5g 硫酸亚铁铵（$FeSO_4 \cdot (NH_4)_2SO_4 \cdot 6H_2O$）溶于水中，加入 20mL 浓 H_2SO_4，冷却后稀释至 1000mL，摇匀。使用前标定其浓度。

标定：用移液管移取 10.0mL 重铬酸钾标准溶液于 250mL 锥形瓶中，用水稀释至 110mL，加 30mL 浓硫酸，冷却后加入 3 滴试亚铁灵指示剂，用硫酸亚铁铵标准溶液滴定到溶液由黄色经蓝绿至刚变为红褐色为止。

计算：

$$c = c_1 V_1 / V \qquad (4.7-1)$$

式中　c_1——重铬酸钾标准溶液浓度；

　　　V_1——吸取重铬酸钾标准溶液的量，mL；

　　　V——消耗硫酸亚铁铵溶液的量，mL。

（7）硫酸银-硫酸溶液。于 1000mL 浓硫酸中加入 10g 硫酸银，放置 1~2d，不时地摇动使其溶解。

（8）试亚铁灵指示剂。

（9）硫酸汞（固体）。

四、实验步骤

（1）取 500mL 烧杯，量取经 A/O 或 A²/O 工艺生化处理后的焦化废水（色度 500~1000 倍，COD 500~800mg/L）水样 500mL，按照表 4.7-1 所示实验方案分别加入不同试剂。加入顺序依次为次氯酸钙、膨润土、聚合氯化铝和聚丙烯酰胺。其中加入膨润土或次氯酸钙后，快速搅拌 15min，转速为 150r/min。然后加入质量浓度为 0.6% 的 PAC 10mL，快速（150r/min）搅拌 1min，再加入质量浓度为 0.1% 的 PAM 4mL，快速（150r/min）搅拌 1min，慢速（50r/min）搅拌 5min，最后静置 30min。取上清液做水质分析。

表 4.7-1　实验设计方案

编号	次氯酸钙/g	膨润土/g	聚合氯化铝/mL	聚丙烯酰胺/mL
1	—		10	4
2	0.2	—	10	4
3	—	0.8	10	4
4	0.2	0.8	10	4

（2）用稀释倍数法测上清液及原水样的色度，即将样水按一定的倍数用水稀释到接近无色时，记录稀释倍数，以此表示该水样的色度。

（3）用重铬酸钾氧化法测上清液的 COD 值，同时测原水样的 COD 值。比较处理前后水样的色度和 COD 的变化。

五、数据处理与计算

（1）记录原水及经过处理后的水样的稀释倍数。

（2）计算样水的 COD：

$$COD_{Cr}(O_2 \text{ mg/L}) = [(V_0 - V_1) \times c \times 8 \times 1000]/V \quad (4.7-2)$$

式中 c ——硫酸亚铁铵标准溶液浓度；

V_1——水样消耗硫酸亚铁铵标准液体积，mL；

V_0——空白消耗硫酸亚铁铵标准液体积，mL；

V ——水样体积，mL；

8 ——氧（$1/2O_2$）摩尔质量，g/mol。

（3）计算样水的 COD 的去除率

$$\eta = （COD_{原水} - COD_{处理后}）/COD_{原水} \times 100\% \qquad （4.7-3）$$

六、讨论

比较不同处理对焦化废水脱色和 COD 去除率的影响，分析实验中加入改性膨润土、次氯酸钙、聚合氯化铝（PAC）和聚丙烯酰胺（PAM）的作用是什么。

实验八　污泥沉降比和污泥指数的测定实验

一、实验目的

（1）掌握污泥沉降比和污泥指数的定义及计算方法。

（2）掌握沉降比和污泥指数的测定方法及操作过程。

二、实验原理

活性污泥是活性污泥法污水处理系统中起主要功能的物质，活性污泥性能的优劣，对活性污泥处理系统的净化效果有着决定性的影响。所以，只有当活性污泥反应器——曝气池中的活性污泥具有很高的活性时才能有效发挥微生物的降解功能，降解水中有机污染物，达到净化水体的目的。

通常性能优良的活性污泥应该具有很强的凝聚沉淀性能，在工程上人们常通过测试污泥沉淀性能来判断污泥活性。通常用来表示沉降性能的指标有污泥沉降比和污泥指数。

污泥沉降比（sludge volume，SV）是指将混合均匀的曝气池活性污泥混合液迅速倒进 1000mL 量筒中至满刻度，静置沉淀 30min 后，沉淀污泥与所取混合液体积之比（%）。

污泥指数（SVI）又称为污泥容积指数，是曝气池出口处混合液经 30min 静沉后，1g 干污泥所占的容积，以毫升计。

污泥沉降比是评价活性污泥的重要指标之一，在一定程度上反映了活性污泥的沉降性能。当污泥指数变化不大时，污泥沉降比可以直接并及时地反映曝气池的污泥浓度。而当污泥浓度变化大时，用污泥沉降比就能很快反映出活性污泥沉降性能以及污泥膨胀等异常情况。当处理系统受到水质水量的变化或其他有毒物质的冲击时，单纯地用污泥沉降比评价指标则很不全面，因为污泥沉降比中并不包括污泥浓度的因素，因此引出了污泥指数（SVI）的概念。

SVI 值能客观地反映活性污泥的松散程度和凝聚沉降性能。良好的活性污泥 SVI 常在 50~120 之间。SVI 值过低，说明污泥活性不够，可能是水体中营养元素缺失；SVI 过高，说明可能发生污泥膨胀，可通过停止曝气，让污泥沉降缺氧厌氧硝化，能起到很好的作用。如因丝状菌过度繁殖所致，则应投加相应的消毒剂，必要时要抽干好氧池重新培养好氧污泥。

三、实验仪器

（1）烘箱。

（2）天平。

（3）秒表。

（4）100mL 量筒。

（5）定量滤纸。

（6）漏斗。

（7）干燥器等。

（8）镊子。

三、实验过程

（1）在曝气池的出口处（即曝气池的混合液流入二沉池的出口）取混合液。

（2）取 100mL 混合液（使用前轻摇使混合均匀）注入 100mL 量筒中，至 100mL 刻度时开始计算沉淀时间。观察活性污泥絮凝和沉淀的过程，在沉淀时间为 30min 时，记录污泥界面以下的污泥容积 V_1。

（3）MLSS 测定。

MLSS 是混合液悬浮固体浓度（mixed liquid suspended solids）的简写，它又称为混合液污泥浓度，它表示在曝气池单位容积混合液内含有的活性污泥固体物的总重量（mg/L）。测定过程：取定量滤纸放入烘箱中在 103~105℃条件下烘干至恒重，记录滤纸质量 $M_1(g)$。将 100mL 混合液用烘干的滤纸过滤，过滤后连同滤纸一同放入烘箱中在 103~105℃条件下烘干至恒重，记录质量 $M_2(g)$。

四、数据处理与计算

$$SV\% = V_1/100 \times 100\% \tag{4.8-1}$$

$$MLSS(mg/L) = \frac{(M_2 - M_1) \times 10^6}{100} \tag{4.8-2}$$

$$SVI(mL/g) = SV\% \times 10^6/MLSS \tag{4.8-3}$$

五、思考题

（1）污泥沉降比和污泥指数两者有什么区别和联系？

（2）活性污泥的絮凝沉淀有什么特点和规律？

实验九　污泥比阻的测定

　　污泥比阻是单位质量的污泥在一定压力下过滤时在单位过滤面积上的阻力，是表示污泥过滤特性或脱水性能的综合性指标。在过滤或脱水过程中，有机质含量、灰分比例以及絮凝剂的添加量对污泥最终含固率有着重要影响。通常，污泥比阻愈大，过滤性能或脱水性能愈差。投加混凝剂可以改善污泥的脱水性能，使污泥的比阻减小，常用的混凝剂有聚合氯化铝、聚合硫酸铁、氯化铁、聚丙烯酰胺等。通常，污泥比阻小于 $0.4 \times 10^9 \mathrm{s^2/g}$ 时易于脱水，污泥比阻介于 $0.5 \times 10^9 \sim 0.9 \times 10^9 \mathrm{s^2/g}$ 时脱水性能中等，污泥比阻介于 $10^9 \sim 10^{10} \mathrm{s^2/g}$ 难以脱水。本实验以生活污水处理厂脱水前污泥为测试对象，测定其污泥比阻。

一、实验目的

　　（1）掌握布式漏斗法测定污泥比阻的测定原理。
　　（2）掌握布式漏斗法测定污泥比阻的操作过程。

二、实验原理

　　将一定体积的待测污泥放入置有滤纸的布氏漏斗中，在保持恒定的真空值条件下，测定以及过滤压力、过滤面积、单位体积滤液在过滤介质上截留的干固体重量、滤液的动力黏滞系数，以及污泥在不同时间内的滤液体积等参数，并根据式（4.9-1）求出污泥比阻。

$$\alpha = \frac{2pF^2}{\mu} \cdot \frac{b}{C} = K \frac{b}{C} \qquad (4.9-1)$$

式中　p——过滤压力，$\mathrm{g/cm^2}$；

　　　　F——过滤面积，$\mathrm{cm^2}$；

　　　　C——单位体积滤液在过滤介质上截留的干固体质量，$\mathrm{g/cm^3}$；

　　　　b——t（过滤时间）/V（滤液体积）与 V（滤液体积）线性关系的斜率，$\mathrm{s/cm^3}$；

μ——滤液的动力黏滞系数，g/（cm·s）。

在定压下过滤，t/V 与 V 成直线关系，其斜率为：

$$b = \frac{t/V}{V} = \frac{\mu\alpha C}{2pF^2} \quad (4.9\text{-}2)$$

$$\alpha = \frac{2pF^2}{\mu} \cdot \frac{b}{C} = K\frac{b}{C} \quad (4.9\text{-}3)$$

需要在实验条件下求出 b 及 C。

b 的求法：可在定压下（真空度保持不变）通过测定一系列的 t-V 数据，用图解法求斜率（图4.9-1）。

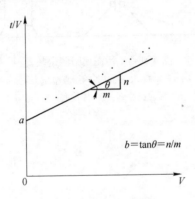

$$b = \tan\theta = n/m$$

图4.9-1 图解法求斜率 b

C（g 滤饼干重/mL 滤液）的求法：用测滤饼含水比的方法求 C 值。

$$C = \frac{1}{\dfrac{100 - C_i}{C_i} - \dfrac{100 - C_f}{C_f}}$$

式中 C_i——100g 污泥中的干污泥量，g；

C_f——100g 滤饼中的干污泥量，g。

三、实验仪器

（1）实验装置如图4.9-2所示。

（2）秒表；滤纸。

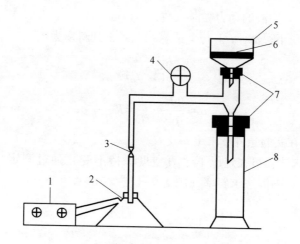

图 4.9-2　污泥比阻测定装置

1—真空泵；2—三角瓶；3—阀门；4—真空压力表；5—布氏漏斗；

6—污泥与滤纸；7—橡皮塞；8—量筒

（3）烘箱。

（4）布氏漏斗。

四、实验步骤

（1）取一定量生活污水处理厂脱水前污泥，测定污泥的含水率，求出其固体浓度 c_0。

（2）在布氏漏斗上（直径 65～80mm）放置滤纸，用水润湿，贴紧周底。

（3）启动真空泵，检查计量管与布氏漏斗之间是否漏气，调节实验压强至 0.05MPa，使其保持稳定，关闭真空泵。

（4）向布氏漏斗中加入 100mL 待测污泥，启动真空泵，进行定压抽滤，当压力达到 0.03MPa 后，开始启动秒表，并记下秒表启动时计量管内的滤液 V_0。

（5）每隔一定时间（开始过滤时可每隔 10s 或 15s，滤速减慢后可隔 30s 或 60s）记下计量管内相应的滤液量。

（6）一直过滤至真空破坏（或过滤时间达到 20min），停止过滤。

（7）关闭阀门取下滤饼放入称量瓶内称量。

（8）称量后的滤饼于105℃的烘箱内烘干称量。

五、数据处理与计算

（1）测定并记录实验基本参数：

污泥含水量：＿＿＿＿＿ g/mL；污泥固体浓度：＿＿＿＿＿ g/mL；

真空压力：＿＿＿＿＿＿＿ MPa；抽滤瓶直径：＿＿＿＿＿＿＿＿ cm；

温度 T：＿＿＿＿＿＿＿℃。

（2）将布氏漏斗实验所得数据记入表4.9-1并计算。

表4.9-1　布氏漏斗实验所得数据

时间/s	计量管滤液量 V_1/mL	滤液量/mL $V=(V_1-V_0)$	$\dfrac{t}{V}$／s·mL^{-1}	备注

（3）以 t/V 为纵坐标、V 为横坐标作图，求出斜率 b。

（4）根据污泥含水率及滤饼的含水率求出单位体积滤液在过滤介质上截留的干固体重量 C。

（5）根据公式计算污泥比阻。

六、问题与讨论

（1）影响污泥脱水性能好坏的有哪些因素？

（2）测定污泥比阻在工程应用中有何实际意义？

实验十 挥发性酚类的测定（4-氨基安替比林直接光度法）

酚是芳烃的含羟基衍生物，根据其挥发性可分为挥发性酚和不挥发性酚。酚类化合物具有特殊的芳香气味，呈弱酸性，在环境中易被氧化。含酚废水是当今世界上危害大、污染范围广的工业废水之一，主要来自煤气、焦化、炼油、冶金、机械制造、玻璃、石油化工、木材纤维、化学有机合成工业、塑料、医药、农药、油漆等工业排出的废水。酚类化合物可经皮肤黏膜、呼吸道及消化道进入体内。低浓度酚可引起蓄积性慢性中毒，表现为头晕、头痛、精神不安、食欲不振、呕吐腹泻等症状；高浓度酚可引起急性中毒以致昏迷死亡。

挥发酚类的测定方法较多，目前普遍采用的为4-氨基安替比林光度法。水样采集后，应及时检查有无氧化剂存在；必要时加入过量的硫酸亚铁，并立即加磷酸酸化至 pH 值约为 4.0，加适量硫酸铜（1g/L）以抑制微生物对酚类的生物氧化作用，同时应冷藏（5~10℃），在采集后 24h 内进行测定。

由于含酚废水成分比较复杂，在采用4-氨基安替比林光度法时废水本身的颜色及浊度均会对测定产生较大的干扰，因此需要经过预蒸馏将挥发酚从废水中蒸馏出来。

一、实验目的

（1）掌握含酚废水预蒸馏的操作方法。

（2）掌握用4-氨基安替比林直接光度法测定废水样中的挥发酚的原理及操作方法。

二、实验方法及原理

（1）方法原理。

酚类化合物于 pH 值在（10.0±0.2）介质中，在铁氰化钾存在下，与4-氨基安替比林反应，生成橙红色的吲哚酚安替比林染料，其水溶液在 510nm 波长处有最大吸收值。

（2）方法的适用范围。

用光程为 20mm 比色皿测量时，酚的最低检出浓度为 0.1mg/L。

三、仪器及试剂

1. 仪器

（1）500mL 全玻璃蒸馏器。

（2）两联电炉。

（3）7230G 分光光度计。

（4）碘量瓶（250mL）。

2. 试剂

（1）无酚水。于 1L 水中加入 0.2g 经 200℃ 活化 0.5h 的活性炭粉末，充分振摇后放置过夜。用双层中速滤纸过滤，或加氢氧化钠使水呈强碱性，并滴加高锰酸钾溶液至紫红色，移入蒸馏瓶中加热蒸馏，收集馏出液备用。

注：无酚水应储于玻璃瓶中，取用时应避免与橡胶制品（橡皮塞或乳胶管）接触。

（2）硫酸铜溶液。称取 50g 硫酸铜（$CuSO_4 \cdot 5H_2O$）溶于无酚水，稀释至 500mL。

（3）磷酸溶液。量取 50g 磷酸（$\rho = 1.69g/mL$），用水稀释至 500mL。

（4）甲基橙指示液。称取 0.05g 甲基橙溶于 100mL 水中。

（5）苯酚标准储备液。称取 1.00g 无色苯酚（C_6H_5OH）溶于水，移入 1000mL 容量瓶中，稀释至标线。置冰箱内保存，至少可稳定保存 1 个月。

储备液的标定：

1）吸取 10.0mL 酚储备液置于 250mL 的碘量瓶中，加水稀释至 100mL，加 10.0mL 0.1mol/L 溴酸钾-溴化钾标准液，之后立即加入 5mL 盐酸，密塞摇匀，放置暗处 10min；加入 1g 碘化钾，密塞摇匀，静置 5min，用 0.025mol/L 硫代硫酸钠标准滴定溶液滴定至淡黄色；

加入 1mL 淀粉溶液，继续滴定至蓝色刚好褪去，记录用量。

2）同时以水代替苯酚储备液作空白试验，记录硫代硫酸钠标准滴定溶液用量。

3）苯酚储备液浓度由式（4.10-1）计算：

$$苯酚（mg/mL）= \frac{(V_1 - V_2)c \times 15.68}{V} \qquad (4.10-1)$$

式中　V_1——空白试验中硫代硫酸钠标准滴定溶液用量，mL；

　　　　V_2——滴定苯酚储备液时，硫代硫酸钠标准滴定溶液用量，mL；

　　　　V——取用苯酚储备液体积，mL；

　　　　c——硫代硫酸钠标准滴定溶液浓度，mol/L；

　15.68——（$1/6C_6H_5OH$）摩尔质量，g/mol。

（6）苯酚标准中间液。取适量苯酚储备液，用水稀释至每毫升含 0.010mg 苯酚。使用时当天配制。

（7）溴酸钾-溴化钾标准参考溶液（$1/6KBrO_3 = 0.1mol/L$）。称取 2.784g 溴酸钾（$KBrO_3$）溶于水，加入 10g 溴化钾（KBr）使之溶解，移入 1000mL 容量瓶中，稀释至标线。

（8）碘酸钾标准参考溶液（$1/6KIO_3 = 0.0125mol/L$）。称取预先经过 180℃ 烘干的碘酸钾 0.4458g 溶于水，移入 1000mL 容量瓶中，稀释至刻线。

（9）硫代硫酸钠标准滴定溶液（$Na_2S_2O_3 \cdot 5H_2O \approx 0.025mol/L$）。

1）称取 6.4g 硫代硫酸钠溶于煮沸放冷的水中，加入 0.2g 碳酸钠，稀释至 1000mL。临用前，用碘酸钾溶液标定。

2）标定。取 20.00mL 碘酸钾溶液置 250mL 碘量瓶中，加水稀释至 100mL，加 1g 碘化钾，再加 5mL（1+5）硫酸，加塞，轻轻摇匀；置暗处放置 5min，用硫代硫酸钠溶液滴定至淡黄色，加 1mL 淀粉溶液，继续滴定至蓝色刚褪去为止，记录硫代硫酸钠溶液用量。

3）按式（4.10-2）计算硫代硫酸钠溶液浓度（mol/L）：

$$c(Na_2S_2O_3 \cdot 5H_2O) = \frac{0.0125V_4}{V_3} \qquad (4.10-2)$$

式中　V_3——硫代硫酸钠标准滴定溶液滴定用量，mL；

V_4——移取碘酸钾标准参考溶液量，mL；

0.0125——碘酸钾标准参考溶液浓度，mol/L。

（10）淀粉溶液。称取 1g 可溶性淀粉，用少量水调成糊状，加沸水至 100mL，冷却后，置冰箱内保存。

（11）缓冲溶液（pH 值为 10）。称取 20g 氯化铵溶于 100mL 氨水中，加塞，置冰箱中保存。

注：应避免氨挥发引起 pH 值改变，注意在低温下保存和取用后立即加塞盖严，并根据使用情况适量配制。

（12）2%（m/V）4-氨基安替比林溶液。称取 4-氨基安替比林（$C_{11}H_{13}N_3O$）2g 溶于水，稀释至 100mL，置冰箱中保存。可保存一周。

注：固体试剂易潮解、氧化，宜保存在干燥器中。

（13）8%（m/V）铁氰化钾溶液。称取 8g 铁氰化钾｛$K_3[Fe(CN)_6]$｝溶于水，稀释至 100mL，置冰箱内保存，可保存一周。

四、实验步骤

1. 预蒸馏

（1）量取 250mL 水样置蒸馏瓶中，加数粒小玻璃珠以防暴沸，再加二滴甲基橙指示液，用磷酸溶液调节 pH 值至 4（溶液呈橙红色）。加 5.0mL 硫酸铜溶液（如采样时已加过硫酸铜，则补加适量）。

注：如加入硫酸铜溶液后产生较多的黑色硫化铜，则应摇匀后放置片刻，待沉淀后，再滴加硫酸铜溶液，至不再产生沉淀为止。

（2）连接冷凝器，加热蒸馏，至馏出液约 225mL 时，停止加热，放冷。向蒸馏瓶中加入 25mL 水，继续蒸馏至馏出液为 250mL 为止。

注：蒸馏过程中，如发现甲基橙的红色褪去，应在蒸馏结束后，再加 1 滴甲基橙指示液。如发现蒸馏后残液不呈酸性，则应重新取样，增加磷酸加入量，进行蒸馏。

当水样中含氧化剂、油、硫化物等干扰物质时，应在蒸馏前现做适当的预处理。

（3）干扰物质的排除：

1) 氧化剂（如游离氯）。当水样经酸化后滴于碘化钾-淀粉试纸上出现蓝色时，说明存在氧化剂。遇此情况，可加入过量的硫酸亚铁。

2) 硫化物。水样中含少量硫化物时，用磷酸把水样 pH 值调至 4.0（用甲基橙或 pH 计指示），加入适量硫酸铜（1g/L），生成硫化铜而使硫被除去；当硫化物含量较高时，则应把用磷酸酸化的水样置通风柜内进行搅拌曝气，使其成生硫化氢逸出。

3) 油类。将水样移入分液漏斗中，静置分离出浮油后，加粒状氢氧化钠调节至 pH＝12~12.5，用四氯化碳萃取（每升样品用 40mL 四氯化碳）萃取两次，弃去四氯化碳层，萃取后的水样移入烧杯中，在通风柜中于水浴上加热以除去残留的四氯化碳，用磷酸调节至 pH 值 4.0。

4) 甲醛、亚硫酸盐等有机或无机还原性物质。可分取适量水样于分液漏斗中，加盐酸溶液使呈酸性，分次加入 50mL、30mL、30mL 乙醚或二氯甲烷萃取酚，合并二氯甲烷或乙醚层于另一分液漏斗，分次加入 4mL、3mL、3mL 10%氢氧化钠溶液进行反萃取，使酚类转入氢氧化钠溶液中，合并碱萃取液，移入烧杯中，置水浴上加热，以除去残余萃取剂，然后用水将碱萃取液稀释至原分取水样的体积同时以水作空白试样。

注：乙醚为低沸点，属易燃和具麻醉作用的有机溶剂，使用时宜小心，周围应无明火，并在通风柜内操作。室温较高时，水样和乙醚宜先置冰水浴中降温后再进行萃取操作，每次萃取应尽快地完成。

5) 芳香胺类。芳香胺类亦可与 4-氨基安替比林产生显色反应，使结果偏高，可在 pH<0.5 的介质中蒸馏，以减小其干扰。

2. 酚的测定

（1）校准曲线的绘制。于一组 8 支 50mL 比色管中，分别加入 0mL、0.50mL、1.00mL、3.00mL、5.00mL、7.00mL、10.00mL、12.50mL 酚标准中间液，加水至 50mL 标线。再加 0.5mL 缓冲溶液，混匀，此时 pH 值为 10.0±0.2，加 4-氨基安替比林溶液 1.0mL，混匀；再加 1.0mL 铁氰化钾溶液，充分混匀后，放置 10min，立即于 510nm 波长条件下，用光程为 20mm 比色皿，以水为参比，测量吸光度。经空白校正后，绘制吸光度对苯酚含量（mg）的校准曲线。

（2）水样的测定。分取适量的馏出液放入 50mL 比色管中，稀释至 50mL 标线。用与绘制校准曲线相同的步骤测定吸光度，最后减去空白试验所得吸光度。

（3）空白试验。以水代替水样，经蒸馏后，按与水样测定相同步骤进行测定，以其结果作为水样测定的空白校正值。

五、结果计算

$$挥发酚（以苯酚计，mg/L）= \frac{m}{V} \times 1000 \qquad (4.10-3)$$

式中　m——由水样的校正吸光度，从校准曲线上查得的苯酚含量，mg；

$\quad\quad$ V——移取馏出液体积，mL。

注：如水样含挥发酚较高，移取适量水样并稀释至 250mL 进行蒸馏，在计算时应乘以稀释倍数。

六、讨论

（1）酚的毒害及来源有哪些？

（2）酚的测定过程中有哪些注意事项？

实验十一　矿物油的测定

矿物油是由烷烃、环烃和芳香烃组成的混合物。工业废水和生活污水通常含有矿物油。工业废水中的矿物油主要来自原油的开采、加工和运输以及各种炼制油的使用等部门。矿物油漂浮于水体表面，会阻碍空气与水界面氧的交换；分散于水中以及吸附于悬浮微粒上或以乳化状态存在于水中的矿物油，可被微生物氧化分解，消耗水中的溶解氧，使水质恶化。矿物油的测定方法较多，基本上都是采用萃取剂将水样中的矿物油萃取出来，然后采用重量法、紫外分光光度法、红外分光光度法、荧光法等方法进行测定。但各种方法各有其特点及适用范围。

（1）重量法是常用的分析方法，它不受油品种限制。但操作繁杂，灵敏度低，只适于测定 10mg/L 以上的含油水样。方法的精密度随操作条件和熟练程度的不同差别很大。

（2）非分散红外法适用于测定 0.1～200mg/L 的含油水样，各种油品种的比吸光系数较为接近，因而测定结果的可比性较好。但是当测定矿物油时，要注意消除其他非烃类有机物的干扰。

（3）紫外分光光度法操作简单、精密度好、灵敏度高，适用于测定 0.05～50mg/L 的矿物油水样。但标准油品种的取得比较困难，数据可比性较差。

（4）荧光法是最为灵敏的测油方法，其测定范围为 0.002～20mg/L，测定对象是矿物油类。当油组分中芳烃数目不同时，所产生的荧光强度差别很大。

一、实验目的

掌握用重量法测定水样中矿物油含量的实验原理和操作方法。

二、方法原理

以硫酸酸化水样，用石油醚将水样中的矿物油萃取出来并用无水硫酸钠去除石油醚中多余水分，然后在低温条件下（（65±5）℃）蒸除石油醚后，通过称重得到剩余物质质量，即为矿物油的质量。

重量法测定的是酸化水样中可被石油醚萃取的且在蒸干过程中不挥发的物质总量。由于石油醚对矿物油有选择地萃取，因此，矿物油中可能含有不能被溶剂萃取的成分。

三、仪器

（1）分析天平。

（2）恒温箱。

（3）恒温水浴锅。

（4）1000mL 分液漏斗。

（5）干燥器。

（6）直径 11cm 中速定性滤纸。

四、实验试剂

（1）石油醚。将石油醚（沸程 30～60℃）重蒸馏后使用。100mL 石油醚的蒸干残渣不应大于 0.2mg。

（2）无水硫酸钠。在 300℃ 马福炉中烘 1h，冷却后装瓶备用。

（3）1+1 硫酸。

（4）氯化钠。

五、实验步骤

1. 水样的采集和保存

（1）采集的样品必须有代表性。当只测定水中乳化状态和溶解性油时，要避开漂浮在水表面的油膜。一般在水表面下 20～50cm 处取水样。若要连同油膜一起采集，要注意水的深度、油膜厚度及覆盖面积。

（2）采样瓶应为广口定容的（如 500mL 或 1000mL）清洁玻璃瓶，用溶剂清洗干净，勿用肥皂洗。每次采集时，应装水样至标线。测定矿物油要单独采样，不得在试验室中再分样。水样采集量应根据水中油的浓度及所采用的分析方法而定，分别装于 2～3 个瓶内，以便进行平行样测定。

（3）为保存水样，采集样品前，可向采集瓶内加硫酸（每升水样加 1+1 硫酸 5mL），以抑制微生物活动；若不能当天分析，可置于低温 4℃ 下保存。

2. 矿物油的测定过程

（1）在采样瓶上作一容量记号后（以便此后测量水样体积），将所收集的大约 1L 已经酸化（pH<2）水样全部转移至分液漏斗中，加入氯化钠，其量约为水样量的 8%。用 5mL 石油醚洗涤采样瓶并转入分液漏斗中，充分振摇 3min，静置分层并将水层放入原采样瓶内，石油醚层转入 100mL 锥形瓶中。用石油醚重复萃取水样两次，每次用量 5mL。合并三次萃取液于锥形瓶中。

（2）向石油醚萃取液中加入适量无水硫酸钠（加入至不再结块为止），加盖后，放置 0.5h 以上，以便脱水。

（3）用预先以石油醚洗涤过的定性滤纸过滤，收集滤液于 100mL 已烘干至恒重的烧杯中，用少量石油醚洗涤锥形瓶、硫酸钠和滤纸，洗涤液并入烧杯中。

（4）将烧杯在（65±5）℃条件下水浴，蒸出石油醚。近干后再置于（65±5）℃恒温箱内烘干 1h，然后放入干燥器中冷却 30min，称重。

六、结果计算

$$油(mg/L) = \frac{(m_1 - m_2) \times 10^6}{V} \qquad (4.11-1)$$

式中　m_1——烧杯加油总重量，g；

　　　　m_2——烧杯重量，g；

　　　　V——水样体积，mL。

七、注意事项

（1）分液漏斗的活塞不要涂凡士林。

（2）测定废水中矿物油时，若含有大量动、植物性油脂，应取内径 20mm、长 300mm，一端呈漏斗状的硬质玻璃管，填装 100mm

厚活性层析氧化铝（在 150~160℃ 活化 4h，未完全冷却前装好柱），然后用 10mL 石油醚清洗。将石油醚萃取液通过层析柱，除去动、植物性油脂，收集流出液于恒重的烧杯中。

（3）采样瓶应为清洁玻璃瓶，用洗涤剂清洗干净（不要用肥皂）。定容采样，并将水样全部移入分液漏斗测定，以减少油类附着于容器壁上引起的误差。

八、讨论题

（1）矿物油的测定方法有哪些？

（2）重量法适合测定水样中哪一类性质的矿物油？

实验十二　冷原子荧光法测定水样中痕量汞

一、实验目的

掌握采用冷原子荧光法测定水样中痕量汞的方法、原理及操作。

二、实验原理

1. 方法原理

水样中的汞离子被还原为单质汞，形成汞蒸气，气态汞原子受波长为253.7nm的紫外光激发而产生共振荧光，在一定的测量条件下和较低的浓度范围内，荧光强度与汞浓度成正比。

2. 干扰及消除

激发态汞原子与无关质点（如O_2、N_2、CO_2等）碰撞发生能量传递，会造成"荧光猝灭"。某些气体对汞原子荧光的影响见表4.12-1。

表 4.12-1　某些气体对汞原子荧光的影响

气　体	Ar	N_2	CO_2	空气	O_2	N_2O
荧光峰的相对高度	1.00	0.81	0.34	0.02	0.00	0.00

故本法采用高纯氩或高纯氮作载气，并在测量前的还原操作中应注意尽量避免空气进入还原瓶中。

3. 方法的适用范围

本方法的最低检出浓度为$0.05\mu g/L$，测定上限可达$1\mu g/L$以上，且干扰因素少，适用于地面水、生活污水和工业废水的测定。

三、实验仪器

（1）冷原子荧光测汞仪（附10mL汞还原瓶）。
（2）电热恒温水浴锅。

（3）高纯氮气或高纯氩气。

四、实验试剂

本实验用水均为无汞去离子水，试剂除另有说明外，均要求为二级，否则需精制除汞。

（1）硫酸（一级）。

（2）5%（m/V）高锰酸钾（一级）溶液。

（3）5%（m/V）过硫酸钾溶液，当天配制。

（4）10%（m/V）盐酸羟胺溶液。

（5）10%（m/V）氯化亚锡溶液。称取氯化亚锡（$SnCl_2 \cdot 2H_2O$）10.0g，溶于10mL盐酸中，必要时可微热助溶，待完全溶解后加水至100mL，加几粒金属锡，密塞保存。必要时可用曝气法除汞。

（6）5%硝酸-0.05%重铬酸钾固定液。将0.5g重铬酸钾溶于950mL水中，再加50mL硝酸。

（7）汞标准储备液。称取在硅胶干燥器中放置过夜的0.1354g氯化汞，用固定液溶解后，转移至1000mL容量瓶中，再用固定液稀释至标线，摇匀。此溶液每毫升含100μg汞。

（8）汞标准中间液。吸取汞标准储备液10.00mL，移入1000mL容量瓶中，用固定液稀释至标线，混匀。此溶液每毫升含1.0μg汞，须当天配制，当天使用。

（9）汞标准使用液。吸取汞标准中间液10.00mL，移入1000mL容量瓶中，用固定液稀释至标线，混匀。此溶液每毫升含10.0ng汞。临用配制。

五、实验步骤

1. 试样制备

取水样20.0mL置25mL具塞比色管内，加入硫酸1mL，5%（m/V）高锰酸钾溶液1mL、5%（m/V）过硫酸钾溶液1mL，混匀。轻轻加塞，置于95℃水浴锅中加热2h。

2. 校准曲线

于7支25mL具塞比色管中，分别加入0mL、0.50mL、1.00mL、

2.00mL、3.00mL、5.00mL、10.00mL 汞标准使用液，每个比色管中加适量固定液使补足至 10.00mL。加入硫酸 1mL，5%(m/V) 高锰酸钾溶液 1mL、5%(m/V) 过硫酸钾溶液 1mL，混匀。以下按样品测量步骤进行操作。然后经过空白校正的表头读数或记录峰高，对溶液含汞量绘制校准曲线。

3. 测量

按照仪器说明书要求调试好仪器。

消解冷却后的试样在进样测定前，逐滴加入 10%(m/V) 盐酸羟胺溶液，至高价锰盐的紫红色或沉淀刚好消失，定量转移至 25mL 容量瓶内，加固定液至标线并混匀。吸取 5.00mL 消解液置 10mL 汞还原瓶内，盖紧瓶塞，通入载气，待仪器指针回到零点后，停止通气。在微微开启瓶塞的情况下，用注射器注入 10%(m/V) 氯化亚锡溶液 1mL，迅即盖紧瓶塞，振摇 30s（小心勿让溶液进入气路），净置 5s 后，通入载气，将汞蒸气送入荧光池，记录表头最高读数或记录纸上的峰高，经空白校正后，在校准曲线上查出试样含汞量。每次进样测量完毕倒去废液后，先后分别用固定液和去离子水洗净还原瓶，以备下次进样测量使用。

六、结果计算

$$汞(Hg，\mu g/L) = \frac{m}{V} \tag{4.12-1}$$

式中　m——由校准曲线查得的含汞量，ng；

　　　V——试样制备所取水样体积，mL。

七、注意事项

（1）痕量汞的测定，要求实验用水和试剂具有较高的纯度，以尽量降低试剂空白。氯化亚锡溶液可曝气除汞。此外，要求容器和实验室环境也有较高的洁净度。

（2）水样在消解过程中，高锰酸钾的紫红色不应完全褪去，否则应补加适量的高锰酸钾溶液。对于较清洁的水样，加热时间可缩短为 1h。

（3）滴加盐酸羟胺溶液时，应仔细操作，小心勿过量，因过量的盐酸羟胺容易引起溶液中汞的损失。

（4）还原瓶内溶液的体积一般以不超过 6mL 为宜，当试样含汞量较高时，可适当少取。但要求测标准和测试样时各次还原瓶内溶液的体积要一致。

（5）进样时还原瓶盖要尽量开小，露出只够注射器针头伸入的小缝，尽量不要让空气进入，以免产生荧光猝灭。

（6）每次进样后，还原瓶必须先后分别用固定液和去离子水清洗，否则还原瓶内残留少量氯化亚锡，能提前还原下一个测量试样中的汞离子，致使在初次通气时吹出而损失，造成测量结果偏低。

（7）测量操作要小心，不要使溶液流进管道，万一不慎将溶液吹进，应用滤纸将各处溶液吸干，再用电吹风吹干各部分。此外，工作一段时期后，荧光池可能被汞污染，也应打开光路室盖用电吹风吹干各部分。

（8）注意防止汞对实验环境的污染。排废气时，要通过高锰酸钾吸收液或通出室外。

实验十三　芬顿氧化法处理难降解工业废水实验

一些工业废水如焦化废水、印染废水以及垃圾渗滤液等在经过一级（物化）和二级（生化）处理后，其中大部分易生化降解的有机物已基本被除去，但仍存在一部分难降解的有机物，导致 B/C 比过低（<0.1），难于生化处理，出水难以达标。高级氧化技术由于具有氧化能力强、二次污染小、受外界环境影响小、可非选择地氧化降解各种有机物等特点，在复杂水体的深度处理中得到了较为广泛的应用。常见的高级氧化技术包括以生成羟基自由基为目标的氧化法，例如 Fenton 或类 Fenton 技术、臭氧氧化技术等，还有利用光能量的光直接降解和光催化氧化技术等。

一、实验目的

（1）了解芬顿氧化法原理。
（2）掌握芬顿氧化法处理难降解工业废水的方法及操作过程。

二、实验原理

Fenton 氧化法是一种以过氧化氢为氧化剂、以亚铁盐为催化剂的均相催化氧化法。在酸性条件下，反应中产生的·OH（羟基自由基）是一种氧化能力很强的自由基，具有较高的氧化还原电位，能无选择地迅速氧化废水中的污染物，使废水中的有机结构发生碳链裂解，生成易于微生物降解的小分子有机物，或者完全矿化为 CO_2 和 H_2O。

$$Fe^{2+} + H_2O_2 \longrightarrow Fe^{3+} + OH^- + \cdot OH \tag{1}$$

$$Fe^{3+} + H_2O_2 \longrightarrow Fe^{2+} + HO_2 \cdot + H^+ \tag{2}$$

$$Fe^{2+} + \cdot OH \longrightarrow Fe^{3+} + OH^- \tag{3}$$

$$Fe^{3+} + HO_2 \cdot \longrightarrow Fe^{2+} + O_2 + H^+ \tag{4}$$

$$RH(有机物) + \cdot OH \longrightarrow R \cdot + H_2O \tag{5}$$

$$R \cdot + Fe^{3+} \longrightarrow R^+ + Fe^{2+} \tag{6}$$

$$R^+ + O_2 \longrightarrow ROO^+ \longrightarrow CO_2 + H_2O \qquad (7)$$

芬顿氧化法常用于难降解工业废水的深度处理，是一种高级氧化技术。影响芬顿处理效果的主要因素包括反应时间、实验用水 pH、H_2O_2 或亚铁盐的使用量等。

三、实验仪器与试剂

1. 实验仪器

（1）八联升降搅拌机。

（2）500mL 烧杯。

（3）全玻璃回流装置。

（4）电炉。

（5）pH 计。

（6）比色管（50mL）。

2. 试剂

（1）H_2O_2（30%）。

（2）七水硫酸亚铁。

（3）1mol/L 盐酸溶液。

（4）1mol/L 氢氧化钠溶液。

（5）重铬酸钾标准溶液 $c_{(1/6K_2Cr_2O_7)} = 0.2500mol/L$。

配制：称取 12.258g 优级纯重铬酸钾（预先在 105~110℃烘 2h，置于干燥器中冷至室温）溶于水中，并转移至 1000mL 容量瓶中，定容，摇匀后备用。

（6）硫酸亚铁铵标准溶液 $c_{(1/2FeSO_4 \cdot (NH_4)_2SO_4 \cdot 6H_2O)} \approx 0.1mol/L$。

配制：称取 39.5g 硫酸亚铁铵（$FeSO_4 \cdot (NH_4)_2SO_4 \cdot 6H_2O$）溶于水中，加入 20mL 浓 H_2SO_4，冷却后稀释至 1000mL，摇匀。使用前标定其浓度。

标定：用移液管移取 10.0mL 重铬酸钾标准溶液于 250mL 锥形瓶中，用水稀释至 110mL，加 30mL 浓硫酸，冷却后加入 3 滴试亚铁灵指示剂，用硫酸亚铁铵标准溶液滴定到溶液由黄色经蓝绿至刚变为红褐色为止。

计算：

$$c = c_1 V_1 / V \qquad (4.13-1)$$

式中 c_1——重铬酸钾标准溶液浓度；

V_1——吸取重铬酸钾标准溶液的量，mL；

V——消耗硫酸亚铁铵溶液的量，mL。

（7）硫酸银-硫酸溶液。于 1000mL 浓硫酸中加入 10g 硫酸银，放置 1~2d，不时地摇动使其溶解。

（8）试亚铁灵指示剂。

（9）硫酸汞（固体）。

四、实验步骤

1. 水样 pH 对芬顿法处理效果影响实验

取 8 个 500mL 烧杯，分别加入 500mL（焦化废水二级生化出水或其他工业废水生化出水，COD 控制在 400~600mg/L）工业废水，分别用盐酸和氢氧化钠调节水样的 pH 值为 2.0±0.1，3.0±0.1，4.0±0.1，5.0±0.1，6.0±0.1，7.0±0.1，8.0±0.1，9.0±0.1。控制 H_2O_2 投加量为 50mmol/L，H_2O_2/Fe^{2+} 摩尔比为 1:1，使用八联升降搅拌机进行搅拌，搅拌速度 80r/min，反应时间为 2.0h。反应结束后调节 pH 值为碱性（可控制 pH=9，促进混凝沉淀），静置沉降 15min，取上清液测定水样的 COD 和色度。

2. H_2O_2 添加量对芬顿氧化法处理效果影响实验

取 8 个 500mL 烧杯，分别加入 500mL 工业废水，调节水样的 pH 值为 7.0±0.1。向各组烧杯中添加 5mmol/L 的 Fe^{2+}（七水硫酸亚铁），依次添加不同量的双氧水（H_2O_2/Fe^{2+} 摩尔比分别为 1:1、2:1、3:1、4:1、5:1、6:1、7:1、8:1），将玻璃烧杯置于八联升降搅拌机上搅拌，搅拌速度 80r/min，搅拌时间 2.0h。反应结束后调节 pH 值为碱性（可控制 pH=9），静置沉降 15min，取上清液测定水样的 COD 和色度。

3. 反应时间对芬顿氧化法处理效果影响实验

取 6 个 500mL 烧杯，分别加入 500mL 工业废水，调节水样的 pH

值为 7.0±0.1。

向各组烧杯中添加 H_2O_2 和 Fe^{2+}（以七水硫酸亚铁计），控制 H_2O_2 投加量为 30mmol/L，H_2O_2/Fe^{2+} 的摩尔比为 4∶1，将玻璃烧杯置于八联升降搅拌机上搅拌，搅拌速度 80r/min，控制搅拌时间分别为 0.5h、1.0h、1.5h、2.0h、2.5h 和 3.0h。反应结束后调节 pH 值为碱性（可控制 pH=9），静置沉降 15min，取上清液测定水样的 COD 和色度。

实验过程中每 4 人为一组，可任选上述三项中的一项做。

五、测试

（1）水样 pH 用 pH 计测定。

（2）用稀释倍数法测水样的色度。

（3）用重铬酸钾氧化法测上清液的 COD 值，同时测原水样的 COD 值。比较处理前后水样的色度和 COD 的变化。

六、数据处理与计算

（1）记录原水及经过处理后的水样的 pH、稀释倍数。

（2）计算样水的 COD：

$$COD_{Cr}(O_2，mg/L) = [(V_0 - V_1) \times c \times 8 \times 1000]/V$$

$$(4.13-2)$$

式中　c——硫酸亚铁铵标准溶液浓度；

　　　V_1——水样消耗硫酸亚铁铵标准液的毫升数；

　　　V_0——空白消耗硫酸亚铁铵标准液的毫升数；

　　　V——水样体积，mL；

　　　8——氧（$1/2O_2$）摩尔质量，g/mol。

（3）计算样水的 COD 的去除率（%）：

$$\eta = (COD_{原水} - COD_{处理后})/COD_{原水} \times 100\% \quad (4.13-3)$$

（4）分别绘制水样 pH、H_2O_2 添加量，反应时间和 COD 去除率的关系曲线，并确定最佳反应条件。

七、讨论

（1）芬顿氧化法的机理是什么？适合处理什么样的废水？

（2）影响芬顿氧化法处理效果的因素有哪些？

实验十四 铁炭微电解法处理晚期垃圾渗滤液实验

垃圾在填埋过程中，会发生一系列复杂的物理、化学以及生化反应，垃圾中有机物被降解或转化。其中的有机成分或无机物进入水中，随水从填埋场中渗滤出来形成垃圾渗滤液。随填埋时间的不同，渗滤液水质差异明显。在填埋初期，渗滤液呈暗黑色、B/C 比高、易于生化处理，随填埋时间的延长，渗滤液逐渐呈现褐色，可生化性变差，出水难以达标。铁炭微电解技术是对难降解生物污水前处理的常用和有效方法，可以采用该技术对可生化性较差的废水进行处理，从而提高生化处理效果。

一、实验目的

（1）了解铁炭微电解法原理。

（2）掌握铁炭微电解法处理垃圾渗滤液的方法及操作过程。

二、实验原理

铁炭微电解法指采用铁屑与炭颗粒构成反应系统。通常铁屑是由生铁或渗碳体及一些杂质组成；当铁屑和炭颗粒添加到废水溶液中时，铁-碳颗粒之间因存在电位差而形成无数个细微原电池。铁作为阳极被腐蚀，碳作为阴极，发生如下电极反应：

阳极（Fe）：$Fe - 2e \longrightarrow Fe^{2+}$，$E^0(Fe^{2+}/Fe) = -0.44V$ （1）

阴极（C）：$2H^+ + 2e \longrightarrow H_2$，$E^0(H^+/H_2) = 0.00V$ （2）

有氧时，

酸性条件：$O_2 + 4H^+ + 4e \longrightarrow 2H_2O$，$E^0(O_2) = 1.23V$ （3）

碱性条件：$O_2 + 2H_2O + 4e \longrightarrow OH^-$，$E^0(O_2/OH^-) = 0.40V$ （4）

从反应机理方面看，内电解处理废水主要是由以下几方面因素共同作用的结果：

（1）氧化还原反应。电池反应过程中，电极反应产生新生态

[H] 和亚铁离子，可将污水中的有机物氧化分解，破坏基团结构，并通过铁的絮凝作用得以去除。

（2）物理吸附。在弱酸性和酸性溶液中，铁屑表面活性比较强，能吸附废水中的污染物。活性炭具有较大的比表面积，表面存在（$=C=O$），在水中发生解离，从而具有某些阳离子的特性，在中性或酸性介质中，羰基基团可通过游离的 OH^- 与一些阴离子发生离子交换，产生络合吸附现象，从而加速污染物的去除。

（3）铁离子的混凝作用。在酸性条件下，铁屑会产生 Fe^{2+} 和 Fe^{3+}，具有良好的絮凝作用，能够形成以 Fe^{2+} 和 Fe^{3+} 为胶凝中心的絮体，通过网捕、吸附、架桥等作用与悬浮的胶体形成共沉淀。若将污水 pH 值调节至碱性或有氧存在时则会形成氢氧化亚铁和氢氧化铁沉淀，与一般药剂水解得到的氢氧化铁的吸附能力相比，在这种情况下生成的 $Fe(OH)_3$ 胶体的吸附能力更高。

（4）铁离子的沉淀作用。在电池反应产物中，Fe^{2+} 和 Fe^{3+} 还将和一些无机成分发生反应，生成沉淀使之得以去除，从而减少某些无机成分对后续生化工艺的毒害性。

三、实验仪器与试剂

1. 实验仪器

（1）八联升降搅拌机。

（2）500mL 烧杯。

（3）全玻璃回流装置。

（4）电炉。

（5）pH 计。

（6）比色管（50mL）。

2. 试剂

（1）铁屑。取自金属加工厂下脚料，用稀盐酸去除表面杂质，去离子水洗净后风干，过 20 目筛。

（2）活性炭。过 20 目筛。

（3）1mol/L 盐酸溶液。

（4）1mol/L 氢氧化钠溶液。

（5）重铬酸钾标准溶液 $c_{(1/6K_2Cr_2O_7)}=0.2500mol/L$。

配制：称取 12.258g 优级纯重铬酸钾（预先在 105~110℃烘 2h，置于干燥器中冷至室温）溶于水中，并转移至 1000mL 容量瓶中，定容，摇匀后备用。

（6）硫酸亚铁铵标准溶液 $c_{(1/2FeSO_4\cdot(NH_4)_2SO_4\cdot6H_2O)}\approx0.1mol/L$。

配制：称取 39.5g 硫酸亚铁铵（$FeSO_4\cdot(NH_4)_2SO_4\cdot6H_2O$）溶于水中，加入 20mL 浓 H_2SO_4，冷却后稀释至 1000mL，摇匀。使用前标定其浓度。

标定：用移液管移取 10.0mL 重铬酸钾标准溶液于 250mL 锥形瓶中，用水稀释至 110mL，加 30mL 浓硫酸，冷却后加入 3 滴试亚铁灵指示剂，用硫酸亚铁铵标准溶液滴定到溶液由黄色经蓝绿至刚变为红褐色为止。

计算：

$$c=c_1V_1/V \tag{4 14-1}$$

式中　c_1——重铬酸钾标准溶液；

　　　V_1——吸取重铬酸钾标准溶液的量，mL；

　　　V——消耗硫酸亚铁铵溶液的量，mL。

（7）硫酸银-硫酸溶液。于 1000mL 浓硫酸中加入 10g 硫酸银，放置 1~2d，不时地摇动使其溶解。

（8）试亚铁灵指示剂。

（9）硫酸汞（固体）。

四、实验步骤

1. 铁炭添加量对微电解处理效果影响实验

取 6 个 500mL 烧杯，分别加入 500mL 晚期垃圾渗滤液（取自垃圾填埋场渗滤液处理站，运行时间 8 年以上，COD_{Cr} 含量约在 3000~3500mg/L 之间），调节水样的 pH 值为 5.0±0.1。向烧杯中分别加入 5.0g、6.5g、8.0g、9.5g、11.0g、12.5g 铁屑和活性炭（铁炭质量比为 1:1），将玻璃烧杯置于八联升降搅拌机上搅拌 60min，搅拌速度 80r/min。然后取下烧杯，将水样的 pH 值调到 8.0±0.1，静置 15min。

取上清液测定 pH 值和色度，同时过滤上清液，去除清液中悬浮的部分活性炭颗粒，测定滤液中 COD 含量。

2. 铁炭比对微电解处理效果影响实验

取 6 个 500mL 烧杯，分别加入 500mL 晚期垃圾渗滤液，调节水样的 pH 值为 5.0±0.1。向每个烧杯中加入 10.0g 铁屑，然后分别添加 8.50g、10.0g、11.5g、13.0g、14.5g、16.0g 活性炭，将玻璃烧杯置于八联升降搅拌机上搅拌 60min，搅拌速度 80r/min。然后取下烧杯，将水样的 pH 值调到 8.0±0.1，静置 15min。取上清液测定 pH、色度，同时过滤上清液，去除清液中悬浮的部分活性炭颗粒，测定滤液中 COD 含量。

3. 水样 pH 对微电解处理效果影响实验

取 7 个 500mL 烧杯，分别加入 500mL 晚期垃圾渗滤液，分别用盐酸和氢氧化钠调节水样的 pH 值为 2.0±0.1、3.0±0.1、4.0±0.1、5.0±0.1、6.0±0.1、7.0±0.1、8.0±0.1。向烧杯中分别加入 10.0g 铁屑和活性炭（铁炭质量比为 1:1），将玻璃烧杯置于八联升降搅拌机上搅拌 60min。然后，取下烧杯，将水样的 pH 值调到 8.0±0.1，静置沉降，静置 15min。取静置后的上清液测定 pH、色度，同时过滤上清液，去除清液中悬浮的部分活性炭颗粒，测定滤液中 COD 含量。

实验过程中每 4 人为一组，可任选上述三项中的一项做。

五、测试

（1）水样 pH 值用 pH 计测定。

（2）用稀释倍数法测水样的色度。

（3）用重铬酸钾氧化法测上清液的 COD 值，同时测原水样的 COD 值。比较处理前后水样的色度和 COD 的变化。

六、数据处理与计算

（1）记录下原水及经过处理后的水样的 pH 值和稀释倍数。

（2）计算水样的 COD：

$$\text{COD}_{\text{Cr}}(\text{O}_2,\text{ mg/L}) = [\,(V_0 - V_1) \times c \times 8 \times 1000\,]/V$$

$$(4.14-2)$$

式中　c——硫酸亚铁铵标准溶液浓度；

　　　V_1——水样消耗硫酸亚铁铵标准液的毫升数；

　　　V_0——空白消耗硫酸亚铁铵标准液的毫升数；

　　　V——水样体积，mL；

　　　8——氧（$1/2\text{O}_2$）摩尔质量，g/mol。

（3）计算水样的 COD 的去除率（%）：

$$\eta = (\text{COD}_{\text{原水}} - \text{COD}_{\text{处理后}})/\text{COD}_{\text{原水}} \times 100\% \qquad (4.14-3)$$

（4）分别绘制铁炭添加量、铁炭比和水样 pH 与 COD 去除率的关系曲线，并确定最佳反应条件。

七、讨论

（1）铁炭微电解方法的机理是什么，适合处理什么样的废水？

（2）影响铁炭微电解处理效果的因素有哪些？

实验十五　工业废水光催化反应设计实验

难降解有机污染物包括各种天然或人工合成的大分子有机物，它们在环境中的残留时间长，难以被微生物氧化分解或氧化分解的速度非常缓慢。一些难降解有机物，如"持久性有机污染物（POPs）"，会随着食物链最终进入人体并威胁健康。光催化氧化技术作为一项能够有效去除这些有机污染物的手段，正越来越受到人们的重视，应用范围也越来越广泛。

一、实验目的

训练学生查阅文献资料，灵活运用所学知识和技能设计实验，完成实验设计及操作的能力；培养学生发现问题、分析问题和解决问题的能力，培养学生的创新意识和创新能力。

二、实验原理

光催化氧化技术的主要原理：在污染体系中投加一定量的光敏半导体材料，同时结合一定能量的光辐射，使光敏半导体在光的照射下激发产生电子-空穴对，吸附在半导体上的溶解氧、水分子等与电子-空穴对作用，产生羟基自由基，再通过与污染物之间的羟基加合、取代、电子转移等使污染物全部或接近矿化，最终生成 CO_2、H_2O 及其他离子，如 NO_3^-、PO_4^{3-}、SO_4^{2-}、Cl^- 等。

三、实验装置

光催化氧化实验装置如图 4.15−1 所示。装置主要由 4 大部件组成：光源、反应容器、冷凝系统及搅拌取样系统等。光源为紫外灯，与稳压器、镇流器和开关相连。紫外灯的外面有石英套管，石英套管与反应容器盖板粘接在一起。反应容器共两层，里层为有机玻璃反应器，有效容积 600mL，外层为有机玻璃恒温水浴系统。反应器与搅拌装置相连，搅拌转子的速度可以调节，以保证使反应器内溶液充分反应，达到较均衡的效果。

图 4.15-1　光催化反应装置

四、实验目标

根据掌握的理论知识和实验原理，查阅相关文献，自行设计实验方案，通过本实验装置，在不做过多调整的情况下，开展多种实验，研究不同光照强度、氧化剂或催化剂的剂量、底物浓度、初始 pH 值条件或温度等反应条件对光催化氧化效果的影响。在实验过程中，通过观察反应现象并控制反应条件，提高学生的动手能力和创新能力。

五、实验仪器及试剂

1. 实验仪器

（1）7230G 分光光度计。

（2）50mL 比色管。

（3）pHS-25 型酸度计。

（4）全玻璃回流装置（500mL）。

（5）电子天平。

（6）25mL 酸式滴定管。

（7）二联电炉。

2. 试剂

（1）重铬酸钾标准溶液 $c_{(1/6K_2Cr_2O_7)}$ = 0. 2500mol/L。称取 12. 258g 优级纯重铬酸钾（预先在 105~110℃ 烘 2h，置于干燥器中冷却至室温）溶于水中，并转移至 1000mL 容量瓶中，定容，摇匀后备用。

（2）试亚铁灵指示剂。称取 1. 49g 邻菲罗啉和 0. 695g 硫酸亚铁（$FeSO_4 \cdot 7H_2O$）溶于水中，稀释至 100mL，储于棕色瓶中。

（3）硫酸亚铁铵标准溶液 $c_{(1/2FeSO_4 \cdot (NH_4)_2SO_4 \cdot 6H_2O)}$ ≈ 0. 1mol/L。

配制：称取 39. 5g 硫酸亚铁铵（$FeSO_4 \cdot (NH_4)_2SO_4 \cdot 6H_2O$）溶于水中，加入 20mL 浓 H_2SO_4，冷却后稀释至 1000mL，摇匀。使用前标定其浓度。

标定：用移液管移取 10. 0mL 重铬酸钾标准溶液于 250mL 锥形瓶中，用水稀释至 110mL，加 30mL 浓硫酸，冷却后加入 3 滴试亚铁灵指示剂，用硫酸亚铁铵标准溶液滴定到溶液由黄色经蓝绿至刚变为红褐色为止。

计算：

$$c = c_1 V_1 / V \qquad (4. 15-1)$$

式中　c_1——重铬酸钾标准溶液浓度；

　　　V_1——吸取重铬酸钾标准溶液的量，mL；

　　　V——消耗硫酸亚铁铵溶液的量，mL。

（4）硫酸银-硫酸溶液。于 1000mL 浓硫酸中加入 10g 硫酸银，放置 1~2d，不时地摇动使其溶解。

（5）硫酸汞（固体）。

六、实验要求

（1）实验方案编写要求：

1）实验目的；

2）实验所用的仪器设备（包括数量）；

3）所用的药剂名称、用量及配制（一般的药剂要求自己配制）；

4）实验步骤（步骤也可按照所要测定的指标分开写）；

5）数据确定的方法（或计算公式）；

6）实验结果（绘制变化曲线图并作简单分析）。

（2）分析、检测的指标：

1）pH 值；

2）色度；

3）COD。

（3）每 4 人为一组，每组学生通过图书馆、互联网查阅相关资料，根据现有实验条件自行设计实验方案，共同完成实验方案的设计、实验装置的组装并以工业废水（印染废水、己二胺废水等）为实验对象完成光催化氧化降解实验过程。

（4）实验报告的编写可以按照本组设计的实验方案来写，报告中需填写实验体会及建议。

（5）实验中自觉遵守实验室规章制度，进入实验室要登记，仪器用完要登记。做到爱护仪器，节省材料与药品。实验完毕及时清洁整理用过的实验用具并如数归还，自觉维护实验室的安全与卫生。

七、讨论

（1）光催化氧化的原理是什么？影响光催化氧化降解污染物的因素有哪些？

（2）在进行实验设计的过程中，应注意哪些问题？

实验十六　区域环境噪声监测

一、实验目的

（1）掌握区域环境噪声的监测方法。

（2）熟悉声级计的使用。

（3）学习对非稳态的无规噪声监测数据进行处理的方法。

（4）学会画噪声污染图。

二、测量条件

（1）天气条件。要求在无雨无雪的时间，声级计应保持传声器膜片清洁，风力在三级以上必须加风罩（以避免风噪声干扰），五级以上大风应停止测量。

（2）使用仪器为 HY110 型声级计或其他普通声级计，使用方法参看附录 1。

（3）手持仪器测量，传声器要求距地面 1.2m。

三、实验步骤

（1）将学校（或某一地区）划分为 25m×25m 的网络，测量点选在每个网络的中心，若中心点位置不宜测量，可移到旁边能够测量的位置。

（2）每组 2~3 人配置一台声级计，顺序到各网点测量，时间从 8:00~17:00。

（3）读数方式用慢档，每隔 5s 读一个瞬时 A 声级，连续取 200 个数据。读数同时要判断和记录附近主要噪声来源（如交通噪声、施工噪声、工厂或车间噪声、锅炉噪声……）和天气条件。

四、数据处理

环境噪声是随时间起伏的无规则噪声，因此测量结果一般用统计值或等效声级表示。

（1）统计声级。将各网点每一次的测量数据（200 个）按从大到小顺序排列，第 20 个数据即为 L_{10}，第 100 个数据即为 L_{50}，第 180 个数据即为 L_{90}，用近似公式计算等效连续 A 声级。

$$L_{eq} \approx L_{50} + \frac{(L_{10} - L_{90})^2}{60} \qquad (4.16\text{-}1)$$

式中　L_{10}——10% 的时间超过的噪声级，相当于噪声的平均峰值；

L_{50}——50% 的时间超过的噪声级，相当于噪声的平均值；

L_{90}——90% 的时间超过的噪声级，相当于噪声的本底值。

（2）等效连续 A 声级。将表格中所得各监测数据按能量叠加法则进行累加，得到 L_{eq}，按式（4.16-2）计算等效连续 A 声级：

$$L_{eq} = 10 \lg \left(\frac{1}{n} \sum_{i=1}^{n} 10^{0.1L_i} \right) \qquad (4.16\text{-}2)$$

式中　L_i——第 i 次采样测得的 A 声级；

　　　n——采样总数。

（3）以 5dB 为一等级，用不同颜色或不同记号绘制学校（或某一地区）噪声污染图。

五、讨论

根据测定结果，按照《声环境质量标准》（GB 3096—2008）（见附录 2）以及所在地区声环境功能区规划，分析所测区域环境噪声是否达标。

附录 1：声级计介绍及 HY110 微型声级计使用说明

一、声级计介绍

声级计也称噪声计，声级计是最基本的噪声测量仪器，在把声信号转换成电信号时，可以模拟人耳对声波反应速度的时间特性；对高低频有不同灵敏度的频率特性以及不同响度时改变频率特性的强度特性。它是用来测量噪声的声压级和计权声级的仪器，它适用于环境噪声、各种机器（如风机、空压机、内燃机、电动机）噪声的测量，也可用于建筑声学、电声学的测量。

1. 声级计的种类

声级计按其用途可分为一般声级计、车辆声级计、脉冲声级计、积分声级计和噪声剂量计等。按其精度一般可分为四种类型：O 型声级计，它作为实验室用的标准声级计；Ⅰ 型声级计，相当于精密声级计；Ⅱ 型声级计和Ⅲ 型声级计作为一股用途的普通声级计。它们的精度分别为±0.4dB、±0.7dB、±1.0dB 和±1.5dB。按体积大小可分便携式声级计和袖珍式声级计。爱华公司研制成功的目前世界上最小的声级计 AWA5610P 型积分声级计和 AWA5633P 型声级计全部采用贴片式元件，体积仅为 180mm×25mm×16mm，比一支钢笔略粗一些，可插在上衣口袋中，重量仅为 80g，使用和携带均非常方便。性能符合新的国际标准 IEC 61672—2002《声级计》和新的国家计量检定规程 JJG 188—2002《声级计》的要求。

2. 声级计的工作原理

声级计主要由传声器、放大器、衰减器、计权网络、电表电路及电源等部分组成，具体如图 4.16-1 所示。

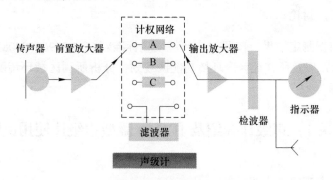

图 4.16-1　声级计的工作原理

（1）传声器。传声器也称话筒或麦克风，它是将声能转换成电能的元件。它是将声音信号转换成电信号的传感器。声级计上使用的传声器要求频率范围宽，频率响应应当平直，失真小，动态范围大，尤其要求稳定性好。

噪声测量中，声级计使用的传声器有四种：晶体传声器、电动式传声器、电容传声器和驻极体传声器。

（2）放大器和衰减器。传声器是把声音信号变成电信号，此信号一般很微弱，不能在电表上直接显示，需要将信号加以放大，这个工作就由放大器来完成；当输入信号较强时，为避免表头过载，需对信号加以衰减，这就需要采用衰减器，衰减器对噪声不衰减，信噪比不会提高。

（3）计权网络。为了测量噪声的计权声级，声级计内装有电阻、电容组成的计权网络，即 A、B、C、D。它们从等响曲线出发，对不同频率的噪声信号进行不同程度的衰减，使仪器测得的读数能近似符合人耳对声音的响应。声级计还设有"线性"响应，用来测定非计权的声压级。在实际使用中，可根据不同的目的和噪声特性合理选择 A、B、C、D 计权网络进行噪声测量。一般工矿企业、车辆噪声用 A 声级，脉冲噪声用 C 声级，飞机等航空噪声用 D 声级。

（4）电表电路和电源。经过放大器放大或衰减器衰减的信号，被送到电表电路进行有效值检波，使交流信号变成直流信号，在表头上以分贝（dB）指示。用峰值、平均值、有效值表示信号的大小，其中有效值用得较多。声级计有快、慢、脉冲、脉冲保持和峰值保持等挡的时间计权特性。"快"挡要求信号输入 0.2s 后，表头上就迅速达到其最大读数；"慢"挡表示信号输入 0.5s 后，表头指针到它的最大读数；"脉冲"和"脉冲保持"挡表示信号输入 35ms 后，表头上指针达到最大读数并保持一段时间；"峰值保持"挡的上升时间小于 20μs，就是说可以测量 20μs 以上的脉冲噪声。

3. 声级计性能简介

声级计一般分为普通声级计和精密声级计。普通声级计的测量误差约为±3dB，精密声级计约为±1dB。国产的精密声级计 ND1、ND2 精密声级计和倍频程滤波器，ND6 型脉冲精密声级计，都是便携式 I 型声级计；ND10 袖珍式 II 型声级计属普通声级计，国产 SJ-2 型声级计也属普通声级计。

二、HY110 微型声级计使用说明

1. 使用前的准备

（1）电源量程开关。按动开关，拨向左边（"关"）时切断电源。此开关亦为量程选择开关，用于选择量程范围。HY-110 量程范围为："L"：35~85dB；"H"：70~120dB。

（2）保持/复位按钮。按下锁住为保持状态，此时显示器保持标志亮，仪器可保持一段时间的最大声级值。

（3）灵敏度调节。用于调节声级计的灵敏度以适用不同灵敏度的传声器。

图 4.16-2 所示为 HY110/HY120 微型声级计。

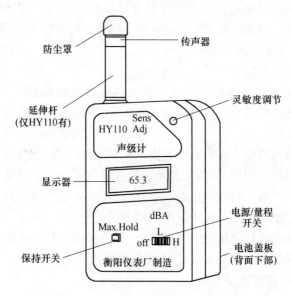

图 4.16-2　HY110/HY120 微型声级计

2. 校准

将声级计的电源开关置于"H"位，"保持/复位"按钮置于"复位"，此时显示器上有数字显示。预热 1min；取下防尘罩，将声校准器套在传声器上并启动校准器；用小螺丝刀调节灵敏度调节电位

器，使显示值为 93.8dB；小心取下校准器，装上防尘罩。此时声级计已校准好。

3. 测量

（1）将"电源/量程"开关置于"L"，"保持/复位"按钮置于"复位"，仪器开始工作并显示数字；如过载，则将开关置于"H"。

（2）调整好声级计的量程后，即可从显示屏上读取测量结果，做好记录。

（3）用"保持"挡测量最大声级。调整好声级计的量程后，按下"保持"按钮，此时仪器工作于最大保持状态，即显示值为自按下仪器"保持"按钮以来所测声级的最大值。

附录 2：《声环境质量标准》（GB 3096—2008）

一、适用范围

本标准规定了五类声环境功能区的环境噪声限值及测量方法。

本标准适用于声环境质量评价与管理。

机场周围区域受飞机通过（起飞、降落、低空飞越）噪声的影响，不适用于本标准。

二、规范性引用文件

本标准内容引用了下列文件或其中的条款。凡是不注日期的引用文件，其有效版本适用于本标准。

GB 3785　声级计电、声性能及测试方法

GB/T 15173　声校准器

GB/T 15190　城市区域环境噪声适用区划分技术规范

GB/T 17181　积分平均声级计

GB/T 50280　城市规划基本术语标准

JTG B01　公路工程技术标准

三、术语和定义

下列术语和定义适用于本标准。

（1）A 声级（A-weighted sound pressure level）

用 A 计权网络测得的声压级，用 LA 表示，单位 dB(A)。

（2）等效声级（equivalent continuous A-weighted sound pressure level）

等效连续 A 声级的简称，指在规定测量时间 T 内 A 声级的能量平均值，用 L_{Aeq}，T 表示（简写为 L_{eq}），单位 dB(A)。除特别指明外，本标准中噪声限值皆为等效声级。

根据定义，等效声级表示为：

$$L_{eq} = 10\lg\left(\frac{1}{T}\int_0^T 10^{0.1 \cdot L_A}\mathrm{d}t\right) \qquad (4.16\text{-}3)$$

式中　L_{eq}——等效连续 A 声级，dB(A)；

　　　　T——规定的测量时间；

　　　　L_A——在 T 时间内，t 时刻的瞬时 A 声级，dB(A)。

（3）昼间等效声级（day-time equivalent sound level）

在昼间时段内测得的等效连续 A 声级称为昼间等效声级，用 L_d 表示，单位 dB(A)。

（4）夜间等效声级（night-time equivalent sound level）

在夜间时段内测得的等效连续 A 声级称为夜间等效声级，用 L_n 表示，单位 dB(A)。

（5）最大声级（maximum sound level）

在规定的测量时间段内或对某一独立噪声事件，测得的 A 声级最大值，用 L_{max} 表示，单位 dB(A)。

（6）累积百分声级（percentile sound level）

用于评价测量时间段内噪声强度时间统计分布特征的指标，指占测量时间段一定比例的累积时间内 A 声级的最小值，用 L_N 表示，单位为 dB(A)。最常用的是 L_{10}、L_{50} 和 L_{90}，其含义如下：

L_{10}——在测量时间内有 10% 的时间 A 声级超过的值，相当于噪声的平均峰值；

L_{50}——在测量时间内有 50% 的时间 A 声级超过的值，相当于噪声的平均中值；

L_{90}——在测量时间内有 90% 的时间 A 声级超过的值，相当于噪声的平均本底值。

如果数据采集是按等间隔时间进行的，则 L_N 也表示有 N% 的数据超过的噪声级。

四、声环境功能区分类

按区域的使用功能特点和环境质量要求，声环境功能区分为以下五种类型：

0 类声环境功能区：指康复疗养区等特别需要安静的区域。

1 类声环境功能区：指以居民住宅、医疗卫生、文化教育、科研设计、行政办公为主要功能，需要保持安静的区域。

2 类声环境功能区：指以商业金融、集市贸易为主要功能，或者居住、商业、工业混杂，需要维护住宅安静的区域。

3 类声环境功能区：指以工业生产、仓储物流为主要功能，需要防止工业噪声对周围环境产生严重影响的区域。

4 类声环境功能区：指交通干线两侧一定距离之内，需要防止交通噪声对周围环境产生严重影响的区域，包括 4a 类和 4b 类两种类型。4a 类为高速公路、一级公路、二级公路、城市快速路、城市主干路、城市次干路、城市轨道交通（地面段）、内河航道两侧区域；4b 类为铁路干线两侧区域。

五、环境噪声限值

各类声环境功能区适用表 4.16-1 规定的环境噪声等效声级限值。

表 4.16-1　环境噪声限值　　　　（dB(A)）

声环境功能区类别	时　段	
	昼	夜
0 类	50	40

续表 4.16-1

声环境功能区类别		时　段	
		昼	夜
1 类		55	45
2 类		60	50
3 类		65	55
4 类	4a 类	70	55
	4b 类	70	60

实验十七 工业企业厂界噪声监测

一、实验目的

（1）掌握工业企业厂界噪声监测方法。

（2）熟悉声级计的使用。

（3）练习对非稳态无规噪声监测数据的处理方法。

二、测量条件

（1）气象条件。测量应在无雨雪、无雷电天气，风速为 5m/s 以下时进行。不得不在特殊气象条件下测量时，应采取必要措施保证测量准确性，同时注明当时所采取的措施及气象情况。

（2）测量应在被测声源正常工作时间进行，同时注明当时的工况。

（3）测量仪器为积分声级计或环境噪声自动监测仪，其性能应不低于 GB 3785 和 GB/T 17181 对 2 型仪器的要求。校准所用仪器应符合 GB/T 15173 对 2 级声校准器的要求。当需要进行噪声的频谱分析时，仪器性能应符合 GB/T 3241 中对滤波器的要求。

（4）一般情况下，测点选在工业企业厂界外 1m、高度 1.2m 以上、距任一反射面距离不小于 1m 的位置。

（5）当厂界有围墙且周围有受影响的噪声敏感建筑物时，测点应选在厂界外 1m、高于围墙 0.5m 以上的位置。

三、实验步骤

（1）测点布设。

选择白班制工业企业，根据企业声源、周围噪声敏感建筑物的布局以及毗邻的区域类别，在工业企业厂界布设多个测点，其中包括距噪声敏感建筑物较近以及受被测声源影响大的位置。

（2）测量。

测量时段在白天，被测声源是稳态噪声，测量 1min 的等效声级；

被测声源是非稳态噪声，测量被测声源有代表性时段的等效声级，必要时测量被测声源整个正常工作时段的等效声级；同时进行背景噪声测量，测量环境要求不受被测声源影响且其他声环境与测量被测声源时保持一致，测量时段与被测声源测量的时间长度相同。

等效声级的表示：

$$L_{eq} = 10\lg\left(\frac{1}{T}\int_0^T 10^{0.1L_A}dt\right) \qquad (4.17-1)$$

式中　L_{eq}——等效连续 A 声级，dB(A)；

　　　T——噪声暴露时间；

　　　L_A——在 T 时间内，A 声级变化的瞬时值，dB(A)。

当测量是采样测量，且采样的时间间隔一定时，式（4.17-1）可表示为：

$$L_{eq} = 10\lg\left(\frac{1}{n}\sum_{i=1}^{n}10^{0.1L_i}\right) \qquad (4.17-2)$$

式中　L_i——第 i 次采样测得的 A 声级；

　　　n——采样总数。

噪声测量时做好测量记录，内容包括被测量单位名称、地址、厂界所处声环境功能区类别、测量时气象条件、测量仪器、测点位置、测量时间、测量时段、主要声源、测量工况、厂区示意图、噪声测量值、背景值等信息。

四、数据处理

根据每一测点的测量数据，计算正常工作时间内的等效声级，填入表 4.17-1 中。噪声测量值与背景噪声值相差大于 10dB(A) 时，噪声测量值不做修正；噪声测量值与背景噪声值相差在 3~10dB(A) 之间时，噪声测量值与背景噪声值的差值取整后，按表 4.17-2 进行修正。

表 4.17-1　工业企业厂界噪声　　　　　　　　　（dB）

监测点位	监测时段	等效连续声级

续表 4.17-1

监测点位	监测时段	等效连续声级
...	...	...

表 4.17-2　测量结果修正表　　　（dB(A)）

差　值	3	4~5	6~10
修正值	-3	-2	-1

五、讨论

（1）根据测定结果，按照《工业企业厂界环境噪声排放标准》GB 12348—2008（表 4.17-3）以及所在地区声环境功能区规划，分析企业厂界噪声是否达标。

表 4.17-3　工业企业厂界环境噪声排放限值　　　（dB）

类　别	噪声限值 L_{Aeq}/dB	
	昼　间	夜　间
0	50	40
1	55	45
2	60	50
3	65	55
4	70	55

（2）分析降低工业企业噪声排放的措施有哪些。

实验十八　交通噪声监测

一、实验目的

（1）掌握交通噪声的监测方法。

（2）熟悉声级计的使用。

（3）学习非稳态无规则噪声监测数据的处理方法。

二、测量条件

（1）天气条件要求在无雨无雪的时间，声级计应保持传声器膜片清洁，风力在三级以上必须加风罩（以避免风噪声干扰），五级以上大风应停止测量。

（2）使用仪器为 HY110 型声级计或其他普通声级计。

三、实验步骤

（1）测量地点选择在两个交通道路口之间的交通线上，并设在马路边人行道上，距离马路边沿 20cm，离路口距离大于 50m；距离任何反射物（地面除外）至少 3.5m 外测量，距离地面 1.2m 高度以上。

（2）每组 2～3 人配置一台声级计，记录监测时间、声级计读数、车辆，时间从 6:00～18:00。

（3）读数方式用慢档，每隔 5s 读一个瞬时 A 声级，连续取 200 个数据。读数同时要判断和记录附近主要噪声来源（如施工噪声、行人吵闹噪声等）和天气条件。

四、数据处理

交通噪声是随时间起伏的无规则噪声，因此测量结果一般用等效声级或统计值表示：

（1）等效连续 A 声级（L_{eq}）及噪声污染级（L_{NP}）。

将记录表格中所得各监测数据按能量叠加法则进行累加得到 L_{eq}，按式（4.18-1）计算等效连续 A 声级和标准偏差 δ：

$$L_{eq} = 10\lg\left(\frac{1}{n}\sum_{i=1}^{n}10^{0.1L_i}\right) \qquad (4.18-1)$$

式中，L_i 为第 i 次采样测得的 A 声级；n 为采样总数。

$$\delta = \sqrt{\frac{1}{n-1}\sum_{i=1}^{n}(L_i - \overline{L})^2} \qquad (4.18-2)$$

式中，$\overline{L}$ 为测得 A 声级的算术平均值。

根据以上结果求出噪声污染级（L_{NP}）：

$$L_{NP} = L_{eq} + K\delta \qquad (4.18-3)$$

式中，K 为常数，交通噪声取值 2.56。

（2）统计声级。

将全部测量数据（200 个）按从大到小顺序排列，第 20 个数据即为 I_{10}，第 100 个数据即为 L_{50}，第 180 个数据即为 L_{90}，用近似公式计算等效连续 A 声级。

$$L_{eq} \approx L_{50} + \frac{(L_{10} - L_{90})^2}{60} \qquad (4.18-4)$$

式中　L_{10}——10%的时间超过的噪声级，相当于噪声的平均峰值。

　　　　L_{50}——50%的时间超过的噪声级，相当于噪声的平均值。

　　　　L_{90}——90%的时间超过的噪声级，相当于噪声的本底值。

根据以上结果求出噪声污染级（L_{NP}）：

$$L_{NP} = L_{eq} + K\delta \qquad (4.18-5)$$

五、讨论

（1）何种情况下可以使用统计声级计算等效连续 A 声级？

（2）采用噪声污染级对交通噪声进行评价，表达式中在等效连续声级的基础上加上一项表示噪声变化幅度的量有何意义？

实验十九　大气中氮氧化物的测定（盐酸萘乙二胺比色法）

一、实验目的

（1）学会和掌握大气样的采集。

（2）学会和掌握对所采集样品的氮氧化物的分析和测定的基本操作。

（3）加深对实验原理的理解。

二、实验原理

大气中的氮氧化物主要是一氧化氮和二氧化氮。测定氮氧化物浓度时，先用铬酸氧化管将一氧化氮转化成二氧化氮。

二氧化氮被吸收在溶液中形成亚硝酸，与对氨基苯磺酸起重氮化反应，再与盐酸萘乙二胺偶合，生成玫瑰红色偶氮染料。根据颜色深浅，比色定量，测定结果以 NO_2 表示。

该法检出限为 $0.05\mu g/5mL$，当采样体积为 6L 时，最低检出浓度为 $0.01mg/m^3$。

三、实验仪器及试剂

1. 实验仪器

（1）多孔玻板吸收瓶。

（2）大气采样器。流量范围 0~1L/min。

（3）双球玻璃管。

（4）分光光度计。

2. 试剂

所有试剂均采用不含亚硝酸盐的重蒸蒸馏水配制。检验方法是要求用该蒸馏水配制的吸收液不呈淡红色。

（1）吸收液。称取 5.0g 对氨基苯磺酸，置于 200mL 烧杯中，将 50mL 冰醋酸与 900mL 水的混合液分数次加入烧杯中，搅拌使其溶解，并迅速转入 1000mL 棕色容量瓶中，待对氨基苯磺酸溶解后，加入 0.05g 盐酸萘乙二胺，用水稀释至标线，摇匀，储于棕色瓶中。此为吸收原液，放在冰箱中可保存 1 个月。

采样时，按 4 份吸收原液与 1 份水的比例混合成采样的吸收液。

（2）铬酸-砂子氧化管。将河砂洗净、晒干。筛取 20~40 目的部分，用（1+2）的盐酸浸泡一夜，用水洗至中性后烘干。将铬酸及砂子按（1+20）的重量混合，加少量水调匀，放在红外灯下或烘箱里于 105℃烘干，烘干过程中应搅拌数次。做好的铬酸-砂子应是松散的，若粘在一起，说明铬酸比例太大，可适当增加些砂子，重新制备。

将铬酸-砂子装入双球玻璃管中，两端用脱脂棉塞好，并用塑料管制的小帽将氧化管的内端盖紧，备用。

（3）亚硝酸钠标准储备液。将粒状亚硝酸钠在干燥器内放置 24h，称取 0.1500g 溶于水，然后移入 1000mL 容量瓶中，用水稀释至标线。此溶液每毫升含 100μg NO_2^-，储于棕色瓶中，放在冰箱里，可稳定保存 3 个月。

（4）亚硝酸钠标准水溶液。临用前，吸取 5.00mL 亚硝酸钠标准储备液于 100mL 容量瓶中，用水稀释至标线。此溶液每毫升含 5μg NO_2^-。

四、采样

将 10mL 采样用的吸收液注入多孔玻板吸收瓶中，吸收瓶的进气口接铬酸-砂子氧化管，并使氧化管的进气端略向下倾斜，以免潮湿空气将氧化剂弄湿污染后面的吸收瓶。吸收瓶的出气口与大气采样器相连接，以 0.5L/min 的流量避光采样至吸收液呈浅玫瑰红色为止。如不变色，应加大采样流量或延长采样时间。在采样同时，应测定采样现场的温度和大气压力，并做好记录。

五、测定步骤

1. 标准曲线的绘制

取七支 10mL 比色管，按表 4.19-1 所列数据配制标准色列。

表 4.19-1 测定 NO_2 时所配制的标准色列

编　号	0	1	2	3	4	5	6
NO_2^- 标准使用液/mL	0.00	0.10	0.20	0.30	0.40	0.50	0.60
吸收原液/mL	8.00	8.00	8.00	8.00	8.00	8.00	8.00
水/mL	2.00	1.90	1.80	1.70	1.60	1.50	1.40
NO_2^- 含量/μg	0.00	0.50	1.0	1.5	2.0	2.5	3.0

加完试剂后，摇匀，避免阳光直射，放置 15min，用 1cm 比色皿于波长 540nm 处以水为参比测定吸光度。用测得的吸光度对 10mL 溶液中 NO_2^- 含量（μg）绘制标准曲线，并计算各点比值。

$$B_s = NO_2^-(μg)/(标准液吸光度 - 空白吸光度) \quad (4.19-1)$$

取各点计算结果的平均值作为计算因子（B_s）。

2. 样品的测定

采样后，放置 15min，将吸收液移入比色皿中，在与标准曲线绘制时相同的条件下测定吸光度。

六、实验结果计算与分析

$$氮氧化物(NO_2^-, mg/m^3) = \left[(A - A_0) \times B_s \right]/(V_L \times 0.76)$$

$$(4.19-2)$$

式中　A——试样溶液的吸光度；

　　　A_0——试剂空白液的吸光度；

　　　B_s——计算因子（单位吸光度对应的 NO_2^- 毫克数），mg；

　　　V_L——标准状态下的采样体积（需将 $V_实$ 换算成 V_L），L；

　　0.76——NO_2（气）转变为 NO_2^-（液）的转换系数。

七、注意事项

（1）配制吸收液时，应避免在空气中长时间暴露，以免吸收空气中的氮氧化物。日光照射能使吸收液显色，因此在采样、运送及存放过程中，都应采取避光措施。

（2）在采样过程中，如吸收液体积显著缩小，要用水补充到原来的体积（应预先做好标记）。

（3）氧化管适用于相对湿度为 30%~70% 时使用，当空气相对湿度大于 70% 时，应勤换氧化管；小于 30% 时，在使用前，用经过水面的潮湿空气通过氧化管，平衡 1h 后再使用。

大气采样气路连接示意图如图 4.19-1 所示。

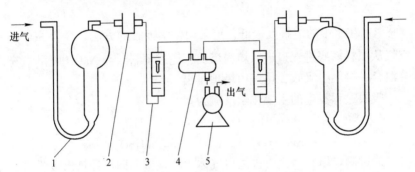

图 4.19-1 大气采样气路连接示意图

1—吸收瓶；2—过滤器；3—流量计；4—抽气泵；5—玻璃三通

八、思考题

（1）根据实验结果判断所测区域大气质量的优劣，是否达标（当地大气环境质量标准）。

（2）实验中应当怎样确定采样时间与采样流量之间的关系？

实验二十　碱液吸收气体中的二氧化硫实验

一、实验目的

（1）了解利用吸收法净化废气中 SO_2 的效果。

（2）填料塔的基本结构及其吸收净化酸雾的工作原理。

（3）实验分析填料塔净化效率的影响因素。

（4）了解 SO_2 自动测定仪的工作原理，掌握其测定方法。

二、实验原理

SO_2 在水中的溶解度较低，可采用化学吸收的方法。令含 SO_2 的空气从填料塔底进气口进入填料塔内，通过填料层与 NaOH 喷淋液充分混合、接触、吸收，尾气由塔顶排出。

吸收过程发生的主要化学反应为：

$$2NaOH + SO_2 \longrightarrow Na_2SO_3 + H_2O$$
$$Na_2SO_3 + SO_2 + H_2O \longrightarrow 2NaHSO_3$$

通过测定填料净化塔进出口气体中的含量，即可计算出吸收塔的净化效率。

三、实验仪器及试剂

1. 实验仪器

（1）SO_2 酸雾净化填料塔一台。

（2）SO_2 与空气混合罐一个。

（3）转子流量计 2 个（液相转子流量计 1 个、SO_2 转子流量计 1 个）。

（4）风机一台。

（5）SO_2 钢瓶（含气体）一个。

（6）SGA 型 SO_2 自动分析仪两台。

（7）控制阀、橡胶联结管若干及必要的玻璃仪器等。

2. 试剂

（1）工业纯 NaOH 试剂。

（2）蒸馏水。

四、实验过程

（1）实验工艺流程如图 4.20-1 所示。

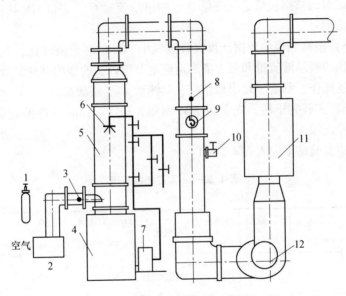

图 4.20-1　碱液吸收法工艺流程

1—SO₂ 钢瓶；2—混合罐；3—进气测定口；4—水箱；

5—吸收塔；6—喷头；7—水泵；8—出气测定口；

9—配风阀；10—配气口；11—消音器；12—风机

（2）具体实验步骤如下：

1）开启填料塔的进液阀，并调节液体流量，使液体均匀喷布，并沿填料塔缓慢流下，以充分润湿填料表面，记录此时流量。调节各阀门使得喷淋液流量达到最大值，记录此时流量。

2）开启风机，并逐渐打开吸收塔的进气阀，调节空气流量，仔细观察气液接触状况。用热球式风速计测量管道中的风速并调节配风阀使空塔气速达到 2m/s(气体速度根据经验数据或实验需要来确定)。

3)待吸收塔能够正常工作后,实验指导教师开启 SO_2 气瓶,并调节其流量,使空气中的 SO_2 含量为 0.1%~0.5%(体积百分比,具体数值由指导教师掌握,整个实验过程中保持进口 SO_2 浓度和流量不变)。

4)经数分钟,待塔内操作完全稳定后,开始测量记录数据。应测量记录的数据包括进气流量 Q_1、喷淋液流量 Q_2、进口 SO_2 浓度 c_1、出口浓度 c_2。

5)根据测得的数据计算吸收废气中 SO_2 的理论液气比,在理论液气比的喷淋液流量和最大喷淋液流量范围内,改变喷淋液流量,重复上述操作,测量 SO_2 出口浓度,共测取 4~5 组数据。

6)实验完毕后,先关掉 SO_2 钢瓶,待 1~2min 后再停止供液,最后停止鼓入空气。

将实验结果记入表 4.20-1。

表 4.20-1　实验结果整理

大气压:　　　　　温度:

测定次数	管道风速 /m·s^{-1}	SO_2 流量 /m^3·s^{-1}	喷淋液流量 /L·h^{-1}	液气比	SO_2 入口浓度 c_1/mg·m^{-3}	SO_2 出口浓度 c_2/mg·m^{-3}
1						
2						
3						
4						
5						

五、实验结果计算与分析

吸收塔净化效率:

$$\eta = \left(1 - \frac{c_2}{c_1}\right) \times 100\% \qquad (4.20-1)$$

式中　η——净化效率;

c_1——SO_2 入口浓度；

c_2——SO_2 出口浓度。

根据所得的净化效率与对应的液气比结果绘制曲线，并确定最佳液气比。

六、思考题

（1）碱液的净化效率与哪些因素有关，他们之间有什么关系？

（2）填料塔的基本结构是怎样的，有什么作用？

实验二十一　光学法测定粉尘粒径

一、实验目的

粉尘粒径的大小与除尘效果有着极其密切的关系，因此粉尘粒径大小的测定在通风除尘技术中是不可缺少的重要组成部分。

通过本试验应达到以下目的：

（1）掌握光学法测定粉尘粒径的基本原理及试验方法。

（2）了解偏光显微镜的构造原理以及操作方法。

（3）学会数据处理及分析的方法。

二、实验原理

在光学显微镜下观察并测定的粉尘粒径为投影粒径，包括面积等分径、定向径、长径、短径，如图 4.21-1 所示。

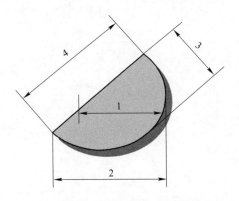

图 4.21-1 粉尘粒子的投影径
1—面积等分径；2—定向径；3—短径；4—长径

在显微镜下测定光片中粉尘投影粒径的大小，通常使用带有刻度的接目镜来进行，这种接目镜的十字丝上刻有 100 个小格（又称刻度尺），每小格所代表的长度因物镜放大倍数的不同而异。用物台微尺测定好一定倍数物镜中接目镜刻度尺上每小格所代表的长度以后，便可以进行测定。

粉尘是由各种不同粒径的粒子组成的集合体。因此，测定好各个单一粉尘粒子的投影径以后，可通过多种方法得出粉尘的分散度。常用的方法有列表法、直方图法、频率曲线法等。为了更好地了解粉尘粒径分布、比较不同的粒子总体，可以用适当的计算方法来表示粉尘的特征数，这些特征数主要包括算术平均径（d）、中位径（50%，d_{50}）、众径（d_m）、方差、标准差等。

三、实验设备

偏光显微镜是目前研究矿物颗粒和岩石显微结构最有效的工具之一。本试验采用它测定粉尘颗粒的投影粒径。偏光显微镜的式样很多，我国常用的有江 XB-01 型、XPT-07 型 630 倍中级偏光显微镜以及 XPG 型 1000 型偏光显微镜。

1. 偏光显微镜的构造形式

尽管偏光显微镜式样繁多，但其构造大同小异。以 XPT-7 型偏光显微镜为例，它由以下几部分构成：

（1）镜座。承受偏光显微镜的全部重量，其外形为具直立柱的马蹄形。

（2）镜臂。呈弓形，下端与镜座相联，下部装有镜筒。

（3）反光镜。把光源反射到显微镜光学系统中的具平凹两面的小圆镜，可任意转动。

（4）下偏光镜。由偏光镜组成，可转动以调节偏光的振动方向。

（5）锁光圈（光阑）。用以控制进入视域的光量，可自由开合。

（6）聚光镜。由一组透镜组成，上面一般刻有数值孔径。

（7）载物台。是一个可转动的圆形平台。边缘有刻度（360°），并有游标尺可读出旋转角度；外缘有固定螺丝，用以固定物台；中央有圆孔，是光线的通道。物台上还有一对弹簧夹，用于支持光片。

（8）镜筒。长圆筒型，上端插有目镜，下端装有物镜，中间有试板孔、上偏光镜和勃氏镜。

（9）物镜。决定成像性能的重要部分，价值约占整个显微镜的

1/5~1/2。物镜由 1~5 组复式透镜组成。

（10）目镜。一般有 5 倍、10 倍两种。目镜中有十字丝或分度尺、方格网。十字丝上刻有 100 个小格（又称刻度尺）。显微镜的总放大倍数是目镜与物镜放大倍数之乘积。例如，用 10 倍的物镜和 10 倍的目镜，总放大倍数为 10×10＝100 倍。

（11）偏光镜。构造与作用和下偏光镜相同，但其振动方向常与上偏光镜的相垂直。

（12）勃氏镜。是一个小的凸透镜，附有锁光圈，可因需要推入或推出。

2. 偏光显微镜的附件

偏光显微镜的附件有很多，包括物台微尺、机械台、电动求积台、石膏（石英）试板、石英楔、穿孔目镜等。本试验需应用的附件为物台微尺，应用它来测定目镜刻度尺每格所代表的长度。

物台微尺是嵌在玻璃片上的将长 1mm（或 2mm）分为 100（或 200）小格的显微尺，其每小格等于 0.01mm，如图 4.21-2 所示。

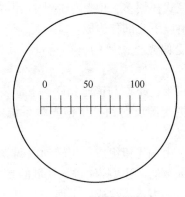

图 4.21-2　物台微尺

四、实验方法与步骤

1. 粉尘样品光片的制备

（1）将待测粉尘样品放入烘箱，烘干后置于干燥器中冷却备用。

（2）滴入半滴至一滴松节油于载玻片上，然后用钳子取少量粉尘样品，将粉尘均匀洒在载玻片的松节油中。

（3）待粉尘在松节油中分散均匀后，在载玻片上面加上盖玻片。在加盖玻片时，应先将盖玻片的一边置于载玻片上，然后轻轻地向下按，以免产生气泡，影响粉尘粒径的观察和测定。

2. 偏光显微镜的操作

（1）装载镜头：

1）装目镜。将选用的目镜插入镜筒上端。

2）装载物镜。

（2）调节照明（对光）转动反光镜对准光源，使视域达到最亮。

（3）调节焦距（准焦）：

1）将欲观察的光片置于物台上（光片的盖玻片必须向上），用夹子夹紧。

2）从侧面看镜头，旋动粗动螺丝，将镜筒下降到最低的位置。

3）从目镜中观察，并拧动粗动螺丝使镜筒缓慢上升，直到视物中物像清楚为止。如果视像不够清楚，可转动微动螺丝使之清楚。

在显微镜下观测时，最好学会两只眼睛同时睁开，轮流观察，这样既保护视力又便于操作。

3. 偏光显微镜下粉尘投影径的测定

（1）目镜刻度尺每格所代表尺寸的测定。将物台微尺置于物台上，准焦。然后转动物台，使微尺与目镜刻度尺平行，再移动微尺，使两零点对齐。仔细观察两小尺上的分格在什么地方重合，数出两尺子这段长度内各自的格子数。例如目镜刻度尺为50格，物台微尺为48格，则目镜刻度尺的每小格相当于物台微尺的48/50格，再乘以物台微尺每小格所代表的长度，即 $48/50 \times 0.01 = 0.0096 \text{mm}(9.6 \mu\text{m})$，就是该放大倍数下目镜刻度尺代表的实际长度。显微镜的放大倍数不同，目镜中刻度尺每格所代表的尺寸也不同。

（2）粉尘粒径的测定。在一定放大倍数下目镜刻度尺每格所代表的尺寸测定以后，将物台微尺取下，将粉尘样品光片置于物台上，依一定的顺序测定光片中粉尘投影粒径的大小，将测得的数据记录下来。

五、实验数据记录

（1）放大倍数为_____的显微镜中，目镜刻度尺每格所代表的长度为_____。

（2）将粉尘粒子投影径大小的测定结果列入表 4.21-1 中。

表 4.21-1 　粉尘粒径大小原始记录表

粒子	1	2	3	4	5	6	7	8	9	10	11	12	13	14	15	…
格数																
粒径/μm																

注：测定粒子数尽量多些，不少于 60 个。

六、实验数据的处理

（1）按教材中所述的粉尘粒径分布的计算方法将数据整理成表 4.21-2。

（2）根据表 4.21-2 整理的数据画出粒径分布的直方图、频数曲线及累计频率曲线。

（3）按教材中的计算方法得出粉尘的特征数，整理成表 4.21-3。

表 4.21-2 　粉尘粒径分布表

组序	粒径间隔/μm	间隔中值/μm	粉尘数量	频率分布/%	间隔宽度/μm	频度分布/%·μm^{-1}	间隔上限/μm	筛下累计频率分布/%
1								
2								
3								
4								
⋮								

注：数据分组原则见教材所述，粒径范围根据数据大小范围及分组状况而定。

表 4.21-3 粉尘的特征数

项 目	表征粉尘集中趋势的特征数		
	算术平均径	中位径	众径
特征数大小			

频度分布(%) = 频率分布(%)/间隔宽度(μm)

频率分布(%) = 粉尘数量/粉尘总数量

算术平均径 = 直径之和与颗粒总数之比(长度平均直径)

中位径 = 粒径分布的累积频率为50%的粒径

众径 = 粒径分布中频度值最大时对应的粒径

七、实验结果讨论

(1)在显微镜下测定粉尘的投影径时会产生哪些误差?应如何避免?

(2)在调节显微镜焦距时应注意些什么?

(3)在显微镜下会不会观察到比别的粒子大得多的颗粒,是由什么原因引起的,在光片的制作中应如何尽量避免这种情况的发生?

实验二十二　比重瓶真空法测定粉体真密度

一、实验目的

（1）加深理解粉体真密度、堆积密度及空隙率等基本概念。
（2）学会和掌握比重瓶真空法测定粉体真密度的实际操作。

二、实验原理

比重瓶真空法测定粉体真密度，它是在装有一定量粉体的比重瓶内造成一定的真空度，从而除去粒子本体吸附的空气，以一种已知真密度的液体充填粒子间的空隙，通过称量，计算出真密度的方法。称量过程中的数量关系如图 4.22-1 所示。

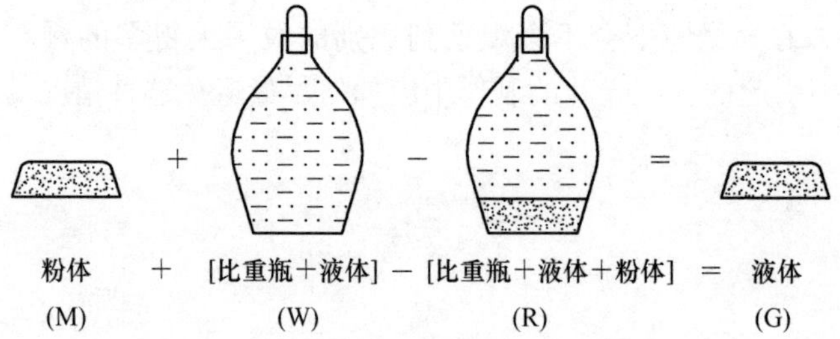

粉体	+	[比重瓶+液体]	-	[比重瓶+液体+粉体]	=	液体
(M)		(W)		(R)		(G)

图 4.22-1　称量关系图

粉体真密度计算公式为：

$$\rho_p = M/V = M/(G/\rho_1) = M/\left[(M+W-R)/\rho_1\right] = M\rho_1/(M+W-R)$$

$$(4.22-1)$$

式中　M——干燥粉体的质量，g；

　　　　W——比重瓶加液体介质的质量，g；

　　　　R——比重瓶加液体介质和试样的质量，g；

　　　　ρ_1——液体介质的真密度，g/cm^3；

　　　　ρ_p——粉体真密度，g/cm^3。

三、实验仪器及设备

（1）带有磨口毛细管塞的比重瓶，每个容量为 100mL。

（2）分析天平，分度值为 0.0001g。

（3）水银温度计，温度范围为 0~50℃，分度值为 0.01℃。

（4）恒温水浴锅，温度可控制在（20±0.5）℃。

（5）电烘箱。

（6）干燥器。

（7）干燥瓶（或干燥塔）。

（8）真空泵。

（9）粉体真密度测定装置（图 4.22-2）。

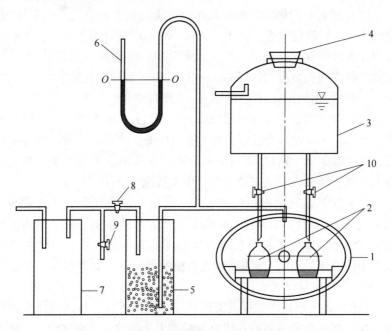

图 4.22-2　粉体真密度测定装置

1—干燥瓶；2—比重瓶；3—储液器；4—橡胶塞；5—干燥瓶；

6—U 形压力计；7—真空泵；8~10—活塞

四、实验步骤

（1）每一组取 4 个比重瓶，把比重瓶清洗干净，放入电烘箱内烘干，然后在干燥器中自然冷却至室温。

（2）取有代表性的粉体试样 40~80g，放入电烘箱内，在（110±5）℃下干燥 1h 或至恒重，然后在干燥器中自然冷却至室温。

（3）取干燥过的比重瓶，放到天平上称量，质量以 M_1 表示。

（4）在比重瓶中放入 5~8g 的干燥粉体，在天平上称量，以 M_2 表示。$M_2-M_1=M$，M 为粉体试样的质量。

（5）连接抽真空装置，如图 4.22-2 所示。开泵抽真空，若剩余压力（绝对压力）小于 20mm Hg 柱以下时，方可进行下一步操作。

（6）把装有粉体的比重瓶放在比重瓶托架上，再放入真空缸内，使比重瓶口对准注液管。关闭活塞 8、9、10，取下橡胶塞 4，向储液器中注入液体介质 900mL，安上橡胶塞 4，开动真空泵打开活塞 8，当真空缸内的剩余压力达到 20mm Hg 柱以下时，再继续抽气 30min。

（7）关闭活塞 8，开启活塞 9，关闭真空泵。

（8）依次开启活塞 10，分别向比重瓶注入液体介质，大约为比重瓶容积的 3/4 时停止注液，静置 5~10min，当液面上没有粉体漂浮时，再注液至低于瓶口 12~15mm。从真空缸中取出比重瓶，慢慢地盖上瓶塞，使瓶内和瓶塞的毛细管中无气泡。

（9）把比重瓶放入恒温水浴中，使恒温水浴水面低于比重瓶口 10mm 左右，以（20±0.5）℃的温度下恒温 30~40min，然后拿出比重瓶，用滤纸吸掉比重瓶塞毛细管口上高出的一滴液体（但切勿将毛细管中的液体吸出），仔细擦干比重瓶的外部，并立即称量，准确到 0.0001g，其质量以 R 表示。

（10）把比重瓶中试样及液体倒掉，清洗干净，再用液体介质冲洗几次。然后把比重瓶放在比重瓶托架上，再放入真空缸中，使比重瓶口对准注液管，开启活塞 10 向比重瓶中注入液体介质，使液面低于瓶口 10~12mm，取出，盖上瓶塞，使瓶内及瓶塞毛细管中无气泡。

（11）把液体介质的比重瓶放入恒温水浴中恒温，按步骤（9）规定进行操作，最后称出比重瓶加液体介质的质量，以 W 表示。

五、实验结果的整理

(1) 按下式计算粉体的真密度：

$$\rho_{粉体} = M\rho_1 / (M + W - R) \qquad (4.22\text{-}2)$$

(2) 取 3 个试样的实验结果的平均值作为粉体真密度的报告值，报告至小数点后第二位。

(3) 将测定结果填入表 4.22-1。

表 4.22-1　粉尘真密度测定记录表

比重瓶编号			
比重瓶质量/g			
比重瓶加粉尘量/g			
粉尘质量 M/g			
比重瓶加水粉尘量 R/g			
比重瓶加液体质量 W/g			
液体介质密度 ρ_1/g·cm^{-3}			
粉尘真密度 $\rho_{粉体}$/g·cm^{-3}			
误差 $(\rho_{粉体} - \bar{\rho})/\bar{\rho} \times 100\%$			
真密度平均值/g·cm^{-3}			

六、允许误差

(1) 要求平行测定误差 $(\rho_{粉体} - \bar{\rho})/\bar{\rho} < 0.2\%$，若平行测定误差大于 0.2% 则应检查记录和测定装置，找出原因；如果不是计算错误应重作实验。

(2) 结合实验结果，分析产生误差的原因。

实验二十三　显微镜的使用和染色技术

一、实验目的

（1）掌握显微镜的结构和使用方法。

（2）掌握低倍镜、高倍镜、油镜的使用方法。

（3）注意显微镜的保管与保护。

（4）掌握微生物单染色技术和复染色技术。

二、　实验要求

（1）指出显微镜各部分组成的名称，并熟悉使用之。

（2）练习使用低倍镜、高倍镜、油镜观察技术。

（3）直接观察微生物的活体，并观察染色后的微生物。

（4）学会接种针/接种环的无菌操作法。

三、实验原理

微生物（尤其是细菌）细胞小而透明，当把细菌悬浮于水滴内，用光学显微镜观察时，由于菌体和背景没有显著的明暗差，因而难以看清它们的形态，更不易识别其结构，所以，用普通光学显微镜观察细菌时，往往要先将细菌进行染色。

单染色法是利用单一染料对细菌进行染色的一种方法。此法操作简便，适用于菌体一般形态和细菌排列的观察。

常用的简单染色的染料有美蓝、结晶紫、碱性复红等。

革兰氏染色法是 1884 年由丹麦病理学家 Christain Gram 创立的，而后一些学者在此基础上作了某些改进。革兰氏染色法是细菌学中最重要的鉴别染色法。

革兰氏染色法的基本步骤：先用初染色剂结晶紫进行染色，再用碘液媒染，然后用酒精脱色，最后用复染剂（如蕃红）复染。经此方法染色后，细胞保留初染剂蓝紫色的细菌为革兰氏阳性菌；如果细胞中初染色剂被脱色剂洗脱而使细菌染上复染剂的颜色（红色），则该菌属于革兰氏阴性菌。

四、实验仪器及试剂

（1）光学显微镜、盖玻片及载玻片、酒精灯、接种针、长纤维脱脂棉或擦镜纸。

（2）微生物。大肠杆菌、酵母菌、葡萄球菌等。

（3）各种染色剂。革兰氏染色剂系列（结晶紫、碘液、酒精、蕃红）、单染色剂（美蓝）。

（4）其他试剂。香柏油、乙醇乙醚混合物。

五、显微镜

1. 关于显微镜的结构和各部分作用

光学显微镜如图4.23-1所示。

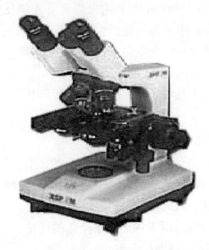

图4.23-1 光学显微镜

（1）镜筒。镜筒长度一般160cm，其上端装目镜，下端装物镜回转板，回转板上一般有3个物镜。

（2）载物台。载物台是放置标本的平台，中央有一圆孔，使下面的光线可以通过；两旁有弹簧夹，用以固定标本或载玻片。有的载物台上装有自动推物器。

（3）调节器。镜筒旁有两个螺旋，大的叫粗调节器，小的叫细调节器，用以升降镜筒，调节物镜与被观察物体之间的距离。

（4）光学部分：

1）目镜。目镜一般有 2~3 个，刻度"5×"、"10×"、"15×"，即放大倍数为 5 倍、10 倍、15 倍，焦距分别为 50mm、25mm、15mm。观察微生物时，常用 10×或 15×目镜，使用时不常变动。

2）物镜。物镜分为低倍镜、高倍镜、油镜三种，装在回转板上，相应的放大倍数为 10×（或 5×）、40×（或 50×）、100×（或 90×），物镜上常标注数值孔径（N.4）。

油镜在使用时需加镜油，镜油为香柏油，折射率 $n = 1.55$ 与玻璃折射率（$n = 1.52$）相近，可尽量不使光线散失。

显微镜的总放大倍数等于物镜与目镜放大倍数的乘积。

3）集光器。在载物台下面，用来集合反光镜反射来的光线。集光器可以上下调整，中央装有光圈，用以调节光线的强弱。当光线过强时，应缩小光圈或使集光器向下移动。

4）反光镜。装在显微镜的最下方，有平凹两面可自由选择及转动方向，以反射光线至集光器。一般在低倍下用平面反光镜，在高倍时用凹面反光镜。

2. 放大倍数的选择

（1）低倍镜、高倍镜。一般做活体观察、不进行染色。

如观察原生动物，低倍镜用于区别原生动物种类，观察活动状态；高倍镜用于看清其结构特征。

（2）油镜。多数情况下用于观察染色的涂片。

3. 光学显微镜的使用

（1）低倍镜的使用：

1）置显微镜于固定的桌面上，窗外不宜有障碍视线之物。

2）拨动回转板，把低倍镜移到镜筒正下方。

3）拨动反光镜向着光源处（对光时应避免太阳直射，可向着自然光、日光灯或显微镜照明灯），同时用肉眼对准目镜仔细观察（选择适当放大倍数），调节反光镜（光线较强的天然光源宜用平面镜，光线较弱的天然光源或人工光源宜用凹面镜），使视野完全成为白色，表示光线已反射到镜里。

4）载玻片放在载物台上，要观察的标本放在圆孔的正中央。

5）将粗调节器向下旋转，同时眼睛注视物镜，防止物镜和载玻片相碰；当物镜下端离载玻片 0.5cm 时停止旋转。

6）把粗调节器向上旋转，同时左眼向目镜里观察，如标本显示不清楚，可用细调节器调至标本完全清晰为止。

7）如因粗调节器旋转太快，超过聚焦点，导致标本不出现，不应在眼睛注视目镜的情况下向下旋转粗调节器，必须从 5）步做起。

8）观察时最好练习两眼同时睁开，用左眼看显微镜，右眼看桌上的纸，一面看一面画出所观察的物象。

（2）高倍镜的使用：

1）使用高倍镜前，先用低倍镜观察，要把观察的标本放到视野正中。

2）拨动回转板使高倍镜和低倍镜两镜头互相对换，当高倍镜移向载玻片上方时必须注意是否因高倍镜靠近的缘故而使载玻片也随着移动，如有移动现象，应立即停止转动回转板，把高倍镜退回原处，再用低倍镜重新校正标本位置，然后旋转调节器，使镜筒稍微向上，再把高倍镜推至镜筒下。

3）当高倍镜已被推到镜筒下面时，所观察到的物象往往不清晰，可旋转细调节器至清晰为止。

（3）油镜的使用方法：

1）用粗调节器将镜筒提起约 2cm，在载玻片上加一滴香柏油，拨动回转板使油镜在镜筒下方，然后小心地降下镜筒，使镜头尖端和油镜接触，注意镜头不能压在载玻片上，更不能用力过猛，否则会压碎玻片或损坏镜头。

2）图像不清晰，可用微调节器，光线暗可调反光镜。

3）油镜用毕，必须用指定的长纤维脱脂棉或擦镜纸将油镜及载玻片上所附着的油擦尽。必要时蘸取少量乙醇乙醚混合物擦拭镜头，最后用擦镜纸或软绸擦干。

4. 显微镜的保管与保护

（1）避免直接在阳光下暴晒，防止黏结剂溶化，透镜脱落。

（2）避免与挥发性药品或腐蚀性酸类放在一起，如碘片、酒精、醋酸、硫酸等。

（3）切不可用手摸透镜，镜头要用擦镜纸或软绸擦拭。

用有机溶剂擦油镜头时，用量不宜过多，时间不宜过长。

（4）显微镜不能随意拆卸，尤其是镜筒。机械部分经常加润滑油，以减少磨损。

（5）用毕，把目镜、物镜卸下放好，镜架应放在镜箱内，加罩防尘。箱内应放硅胶，以免受潮生霉。

六、实验过程

1. 细菌染色技术

（1）单染。

菌种：在营养琼脂斜面上培养 24h 的大肠杆菌，或采用其他菌种。

操作流程：涂片→干燥→固定→染色→水洗→干燥→镜检。

1）涂片。取一块载玻片，滴一小滴生理盐水（蒸馏水）于玻片中央，用接种环以无菌操作从大肠杆菌斜面上挑取少许菌苔于水滴中，混匀并涂成薄膜。若用菌悬液涂片，可用接种环挑取 2~3 环直接涂于载玻片上。

载玻片要洁净无油迹；滴生理盐水和取菌不宜过多；涂片要涂抹均匀，不宜过厚。

2）干燥。室温自然干燥。

3）固定。涂面朝上，通过火焰 2~3 次。

此操作过程是热固定，其目的是使细胞质凝固，以固定细胞形态，并使之牢固附着在载玻片上（可与干燥合为一步）。

热固定温度不宜过高（以玻片背面不烫手为宜），否则会改变甚至破坏细胞形态。

4）染色。将玻片平放于玻片搁架上，滴加染液于涂片上（染液刚好盖上涂片薄膜为宜）。美蓝染色约 1~2min，草酸铵染色约 1min。

5）水洗。倒去染液，用自来水冲洗，直至涂片上流下的水无色为止。水冲洗时，不要直接冲洗涂面，而应使水从载玻片的一端流下。水流不宜过急、过大，以免涂片薄膜脱落。

6）干燥。自然干燥，或用电吹风吹干，也可以用吸水纸吸干（注意勿擦去菌体）。

7）镜检。涂片干燥后镜检，涂片必须完全干燥后才能用油镜观察大肠杆菌。

（2）革兰氏染色。

菌种：在营养琼脂斜面上培养 24h 的大肠杆菌或白葡萄球菌。

操作流程：涂片→干燥→固定→染色（初染→媒染→脱色→复染）→镜检。

1）初染。加滴结晶紫（以刚好将菌膜覆盖为宜）染色约 1min，水洗。

2）媒染。用碘液冲去残水，并用碘液覆盖菌膜约 1min，水洗。

3）脱色。用滤纸吸去玻片上的残水，将玻片倾斜，在白色背景下，用滴管流加 95%的乙醇脱色，直至流出的乙醇无紫色时，立即水洗。

革兰氏染色结果是否正确，乙醇脱色是革兰氏染色操作的关键环节。脱色不足，阴性菌被误染成阳性菌；脱色过度，阳性菌被误染成阴性菌。脱色时间一般约 20~30s。

4）复染。用番红液复染约 1min，水洗。

其他操作步骤与单染同。

2. 微生物的观察

（1）用革兰氏染色的大肠杆菌、酵母菌、葡萄球菌等的形态及颜色（复染至少做两种菌）。

（2）美蓝单染的大肠杆菌的形态及颜色（单染）。

（3）其他菌的观察。

七、注意事项

（1）载玻片要求清洁无油污，否则会导致菌液涂布不开或镜检时把脏东西误视为菌体。

（2）挑菌量宜少，涂片要薄而均匀，过厚菌体会导致细胞重叠而不便观察。

（3）染色时间与细菌种类、染色剂种类、浓度有关，应根据具体情况做适当调整。

（4）革兰氏染色成败的关键是脱色时间，如果脱色过度，G^+可误为G^-；如果脱色时间过短G^-可误为G^+。涂片薄厚及脱色乙醇用量会影响结果。

（5）要严格控制菌龄，菌体衰老时，G^+可误为G^-。

（6）显微镜操作：

1）不要擅自拆卸显微镜的任何部件，以免损坏设备；

2）擦拭镜面请用擦镜纸，不要用手指或粗布，以保持镜面的光洁度。

3）观察标本时，请依次用低倍镜、高倍镜、油镜；在使用高倍镜、油镜时，请不要转动粗调螺旋降低镜筒，以免物镜与载玻片碰撞而压碎玻片或损伤镜头。

4）观察标本时，请两眼睁开，一方面养成两眼轮换观察的习惯，以减轻眼睛的疲劳；另一方面养成左眼观察、右眼注视绘图的习惯，以提高效率。

5）沾有有机物的镜片会滋生霉菌，请在每次使用后，用擦镜纸擦净所有的目镜和物镜，并将显微镜放在阴凉干燥处。

八、思考题

（1）实验中所复染的微生物是革兰氏阳性菌还是阴性菌？

（2）染色后，微生物是活体还是死体？

（3）显微镜的使用应注意什么？

（4）实验不成功的原因是什么？或制片存在什么问题，为什么？

（5）在简单染色过程中会遇到什么问题？试分析原因。

（6）为什么要对细菌染色处理？

（7）染色剂种类有哪些？各举几例。

（8）什么叫单染色，什么叫复染色，什么叫负染色？

（9）实验中所观察的微生物的放大倍数是多少？

（10）低倍镜、高倍镜、油镜分别在什么场合应用？

（11）使用显微镜时，为什么必须用镜头油，镜头油的名称是什么？

（12）镜检标本时，为什么先用低倍镜观察，而不直接用高倍镜或油镜观察？

（13）涂片为什么要固定，固定时应注意什么问题？

（14）革兰氏染色中哪一步是关键，为什么，如何控制该步？

（15）不经复染能否区别革兰氏阳性菌、阴性菌？

（16）叙述单染色、复染色的操作过程。

附录：染色液的配制

1. 吕氏（Loeffler）碱性美蓝染液

　　A 液：美蓝（methylene blue）　　　　0.6g

　　　　　95%乙醇　　　　　　　　　　30mL

　　B 液：KOH　　　　　　　　　　　　0.01g

　　　　　蒸馏水　　　　　　　　　　　100mL

分别配制 A 液和 B 液，配好后混合即可。

2. 革兰氏（Gram）染色液

（1）草酸铵结晶紫染液。

　　A 液：结晶紫（crystal violet）　　　　2g

　　　　　95%乙醇　　　　　　　　　　20mL

　　B 液：草酸铵（ammonium oxalate）　0.8g

　　　　　蒸馏水　　　　　　　　　　　80mL

分别配制 A 液和 B 液，配好后混合二液，静止 48h 后使用。

（2）卢戈氏（Lugol）碘液。

碘片	1g
碘化钾	2g
蒸馏水	300mL

先将碘化钾溶解在少许蒸馏水中，再将碘片溶解在碘化钾溶液中，待碘全部溶解后，加足水分即可。

（3）95%乙醇溶液。

（4）番红复染液。

番红（safranine O）	2.5g
95%乙醇溶液	100mL

取上述配好的番红乙醇溶液 10mL，与 80mL 蒸馏水混匀即成。

实验二十四　血球计数法

一、实验目的

（1）进一步熟悉显微镜的使用。

（2）学会血球计数板的使用与计数。

二、实验要求

（1）每人测一个样，测三次，取平均值。

（2）菌（酵母菌）样要适当稀释（每小格 5~10 个）。

（3）掌握血球计数板的计数原理。

三、实验原理

微生物实验中，一般采用细菌计数板进行细菌计数，采用血球计数板进行酵母菌和霉菌孢子的计数。两种计数板的原理和部件相同，只是细菌计数板较薄，可使用油镜观察；而血球计数板较厚，不能使用油镜观察。

利用血球计数板在显微镜下直接计数，这是一种常见的微生物计数方法。此法是将酵母菌悬液放在血球计数板与盖玻片之间的计数室中，在显微镜下进行计算。由于载玻片上的计数室盖上盖玻片后的容积是一定的，所以可以根据在显微镜下观察到的微生物数目来计算单位体积内的微生物总数。

血球计数板是一块特制的厚玻片，玻片上有 4 条槽，构成 3 个平台，中间的平台又由一短的横槽隔成两半，每个半边上面各刻有一个方格网。每个方格网共分九大格，其中间的一大格称为计数室，常被用于微生物计数。

血球计数板如图 4.24-1 所示。

计数室的刻度一般有两种：一种是一个大格分成 25 个中方格，每个中方格分成 16 个小方格。另一种是一个大方格分成 16 个中方

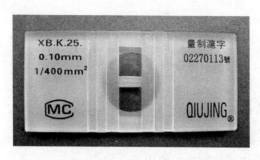

图 4.24-1　血球计数板

格，每个中方格分成 25 个小方格。不论哪种规格的计数室，每个大方格都由 16×25＝400 个小方格组成。

每个大方格边长为 1mm，其面积为 1mm²。盖上盖玻片后，载玻片和盖玻片之间的高度为 0.1mm，所以计数室的体积为 0.1mm³。

以计算酵母菌菌数为例。

（1）25×16 计数室。

酵母菌的计算公式：

$$酵母菌(个/mL) = \frac{A}{80} \times 400 \times 10 \times 1000 \times 稀释倍数$$

$$(4.24-1)$$

式中，A 为 80 个小格内的酵母菌数目。

（2）16×25 计数室。

酵母菌的计算公式：

$$酵母菌(个/mL) = \frac{A}{100} \times 400 \times 10 \times 1000 \times 稀释倍数$$

$$(4.24-2)$$

式中，A 为 100 个小格内的酵母菌数目。

四、实验仪器及试剂

显微镜、血球计数板、计数器、滴液管、酵母菌水样（适当稀释后）、擦镜纸或吸水纸、盖玻片。

五、实验过程

（1）样品的准备或稀释。以无菌生理盐水将酵母菌制成浓度适当的菌悬液，稀释度合适。按 10 倍稀释法稀释。

（2）镜检计数室。在加样前，先对计数板的计数室进行镜检。若有污物，则需水冲清洗，吹干后（或用擦镜纸吸干）才能进行计数。

（3）安放血球计数板。将清洁的血球计数板置于显微镜载物台上，在计数室上面加一块盖板。

（4）加样品。

$$滴管吸液→盖玻片边缘→自吸入$$

取样时，先要摇匀菌液，使计数室内无气泡。待计数室内无气泡后，再静置 5~10min。

（5）显微镜计数。

加样后静置 5~10min，然后将血球计数板置于显微镜载物台上，先用低倍镜找到计数室所在位置，然后换成高倍镜进行计数。

在计数前若发现菌液太浓或太稀，需重新调节稀释度后再计数。一般样品稀释度要求每小格内有 5~10 个菌体为宜。

由于菌体处于不同的空间位置，只有在不同的焦距下才能看到，观察时需不断调节微调控制钮，以计数全部菌体。

（6）清洗血球计数板。

使用完毕后，将血球计数板在水龙头上用水冲洗干净，切勿用硬物刷洗，洗完后自行晾干或用吹风机吹干。镜检，观察每个格内是否有残留菌体或其他沉淀物，若不干净必须重复洗涤至干净为止。

六、实验结果

将实验结果记录在表 4.24-1 中，A 表示五个或四个中方格中的总菌数；B 表示菌液稀释倍数。

表 4.24-1　实验记录表

次数	各中方格中菌数					A	B	菌数 /个·mL^{-1}	平均值 （三次）
	1	2	3	4	5				
第一次									
第二次									
第三次									

七、注意事项

（1）加酵母菌液时，添加量不宜太多，不能产生气泡。

（2）酵母菌无色透明，计数时宜调暗光线。

（3）为了避免重复计数或遗漏计数，遇到压在方格线上的菌体，一般将压在底线和右侧线上的菌体计入本格内；遇到有芽体的酵母时，如果芽体和母体同等大小，按两个酵母菌体计数。

（4）血球计数板使用后，用水冲洗干净，切勿用硬物刷洗或抹擦，以免损坏网格刻度。

八、思考题

（1）血球计数板计数的菌是活菌，还是死菌？

（2）两种不同规格的计数板测同一样品，结果一样吗？

（3）微生物总数的计数方法有哪些，微生物活菌数的计数方法有哪些？

（4）用血球计数板进行计数时，哪些步骤容易产生误差，如何避免？

（5）滴加菌液时，为什么要先置盖玻片，然后滴加菌液，能否先加菌液再置盖玻片？

（6）对于规格为 25×16 的计数板，应取哪几个中格计数？若计数的结果为 80，稀释度为 100，计算原样品中的菌数。

（7）对位于方格边线上的菌如何计数？

（8）若有一纯菌种水样，要求对其中的菌计数，该怎样做？

实验二十五　培养基的制备和灭菌技术

一、实验目的

（1）了解灭菌前的准备工作（洗涤、干燥、包扎、制棉塞等）。

（2）掌握培养基的配制过程。

（3）掌握高压灭菌锅的使用。

二、实验原理

培养基中含有一般微生物生长繁殖所需要的基本营养物质，所以可供微生物生长繁殖之用。培养基提供碳源、氮源、无机盐、生长素以及水分。培养基应具有适宜的 pH 值，具有合适的渗透压，保持无菌状态。固体培养基还需凝固剂，最常见的凝固剂为琼脂，琼脂在常用浓度下 96℃时溶化，实际应用时，一般在沸水浴中或下面垫以石棉网煮沸溶化，以免琼脂烧焦。琼脂在 40℃凝固，通常不被微生物分解利用。

牛肉膏蛋白胨培养基是一种广泛用于细菌的培养基，主要成分是牛肉膏、蛋白胨、氯化钠。

牛肉膏蛋白胨琼脂培养基成分见表 4.25-1。

表 4.25-1　牛肉膏蛋白胨琼脂培养基成分

组　分	含量（每 1000mL 培养基）/g	灭菌条件
牛肉浸膏	5	
蛋白胨	10	
氯化钠	5	$1.05kg/cm^3$　20min
琼脂	20	
pH 值	7.2~7.4	

三、培养基

培养基种类分为 4 种：

（1）牛肉膏蛋白胨培养基（300mL/组）。

（2）伊红美蓝培养基（300mL/组）。

（3）乳糖蛋白胨培养基（300mL/组）。

（4）其他培养基。亚硝化细菌培养基、硝化细菌培养基、反硝化细菌培养基等。学生可自愿设计实验，配制相应培养基。

各培养基使用目的：

（1）配制肉膏蛋白胨培养基（可供后续纯种分离实验、菌落测定实验使用）。

配方：见附录。

（2）配制营养琼脂培养基（可供后续纯种分离实验、菌落测实验定使用）。

配方：直接按产品说明配制。

（3）配制乳糖胆盐发酵培养基（可供后续大肠菌群的检验实验使用）。

配方：直接按产品说明配制。

四、实验仪器及试剂

（1）各种试剂。牛肉膏、蛋白胨、琼脂、NaCl、伊红美蓝、营养琼脂等；蒸馏水；pH 调节剂（NaOH 浓度 10%、HCl 浓度 10%，或浓度为 1mol/L）。

（2）高压灭菌锅、电子秤或粗天平。

（3）玻璃器皿。试管 40 个、500mL 烧杯 5 个、250mL 锥形瓶 10 个、培养皿、量筒、玻璃棒、漏斗、1mL 移液管（10 支）等。每组根据情况自己确定玻璃器皿规格和数量。

（4）pH 试纸或 pH 测定仪。

（5）其他。棉花、牛皮纸、标签、麻绳、纱布等。

五、实验过程

（1）器皿的洗涤、干燥，棉塞的制备、包扎。

（2）培养基的制备。

制备流程：称重→溶化→调 pH→过滤分装→加塞包装→灭菌→搁置斜面或制平板→无菌检查。

1）称重。按培养基的配方比例依次准确地称取各种药品。

2）溶化。在盛药品的器皿中先加入少于所需要的水量，用玻璃棒搅匀，然后加热使其溶解。将药品完全溶解后，补充水到所需的总体积。如果配制固体培养基，将称好的琼脂放入已溶的药品中，再加热溶化，最后补足所损失的水分。在用三角瓶盛固体培养基时，一般也可先将一定量的液体培养基分装于三角瓶中，然后按 1.5%~2.0% 的量将琼脂直接分别加入各三角瓶中，不必加热溶化，而是灭菌和加热溶化同步进行，节省时间。

3）调 pH 值。在未调 pH 值前，先用精密 pH 试纸（或酸度计）测量培养基的原始 pH 值，如果偏酸，用滴管向培养基中逐滴加入 1mol/L NaOH，边加边搅拌；反之，用 1mol/L HCl 进行调节。

4）过滤分装。趁热用滤纸或多层纱布过滤，以利某些实验结果的观察。一般无特殊要求的情况下，这一步可以省去。按实验要求，将配制的培养基分装入试管内或三角瓶内。

① 液体分装。分装高度以试管高度的 1/4 左右为宜。分装三角瓶的量则根据需要而定，一般以不超过三角瓶容积的一半为宜。

② 固体分装。分装高度不超过试管高度的 1/5，灭菌后制成斜面。分装三角瓶的量则一般以不超过三角瓶容积的一半为宜。

③ 半固体分装。试管一般以试管高度的 1/3 为宜，灭菌后垂直待凝。

分装过程中，注意不要使培养基沾在管（瓶）口上，以免沾污棉塞而引起污染。

5）加塞包装。培养基分装完毕后，塞上棉塞，将同一组 5~6 个试管捆一捆，再在棉塞外包一层牛皮纸，以防止灭菌时冷凝水润湿棉塞。用记号笔注明培养基的名称、组别、配制日期。三角瓶加塞后，外包牛皮纸，同样用记号笔注明培养基的名称、组别、配制日期。

6）灭菌。将上述培养基在 0.105MPa、121℃、20min 高压蒸气锅灭菌。不同培养基灭菌条件有所差异。

高压蒸气锅灭菌使用方法见附录。

7）搁置斜面。将灭菌的试管培养基冷至 50℃ 左右，需做斜面培养基的试管搁在合适高度的器具上，形成斜面，斜面长度以不超过试管总长的一半为宜。

8）无菌检查。将灭菌培养基放入 30℃ 或 37℃ 的恒温培养箱中培养 24~48h，以检查灭菌是否彻底。

（3）高压蒸汽灭菌。加水、放锅、均匀摆放物品、盖上盖、给电、计时。

六、注意事项

（1）培养基配方上标出的 pH 值是该培养基使用时的。灭菌处理会最终影响 pH 值，应注意调整 pH 值。

（2）培养基配好后，应及时包扎成捆，并标上标签，写明培养基名称、操作者和配制日期，以免搞错。

（3）在配制培养基的过程中，各材料按配方所列次序添加。所用容器的大小应为培养基配制量的 2 倍，以便操作。

（4）熔化琼脂时，要控制火力，并不断搅拌，以免琼脂烧焦和外溢。

（5）用于分装培养基的容器应当洁净并经灭菌。分装培养基的动作要快，以防培养基凝固。如果分装量难以控制，可用装好等体积自来水的同规格试管作为参照。切勿让培养基沾污试管口，以免招致杂菌污染。

（6）用高压灭菌锅时，加水不可少，以免烧干引起灭菌锅炸裂。物品不宜紧靠锅壁，以免影响蒸汽流通和冷凝水顺壁流入灭菌物品。

（7）切勿在高压灭菌锅尚有压力、温度高于 100℃ 的情况下开启排气阀，否则会因压力骤降造成培养基溢出。

（8）湿热加压灭菌期间，需有人看管，时刻注意压力表的读数，通过调节热源维持压力，以防发生事故。

七、思考题

(1) 分析肉膏蛋白胨琼脂培养基的作用，该培养基适合哪种微生物生长？

(2) 为什么配培养基用蒸馏水？自来水中各种盐类多，营养成分比蒸馏水丰富，是否可用自来水配培养基？

(3) 棉塞太松、太紧有何影响，吸管口为什么要堵棉花？

(4) 高压蒸汽灭菌注意的问题是什么，适合对什么器具灭菌？

(5) 培养基配好后，为什么必须立即灭菌，如何检查灭菌后的培养基是无菌？

(6) 在配制培养基的过程中应注意哪些问题，为什么？

(7) 配制培养基的基本要求有哪些？

(8) 培养基中各成分的主要作用是什么？

(9) 配制培养基的主要程序有哪些？

(10) 湿热灭菌比干热灭菌优越，为什么？

(11) 培养基是根据什么原理配制成的？

(12) 配制固体培养基加入琼脂后加热熔化要注意哪些问题？

(13) 为什么要保证培养基无菌，如何检查培养基灭菌是否彻底？

附　录

一、高压蒸气锅灭菌使用方法

(1) 首先将内层锅取出，向外层锅内加入适量的水，使水面与三角搁架相平为宜。切勿忘记加水，同时加水量不可过少，以防灭菌锅烧干引起炸裂事故。

(2) 放回内锅层，并装入待灭菌物品。注意不要装得太挤，以免妨碍蒸气流通而影响灭菌效果。三角烧瓶与试管口端均不要与桶壁接触，以免冷凝水淋湿包口的纸渗入棉塞。

(3) 加盖，并将盖上排气软管插入内层锅的排气槽内。再以两两对称的方式同时旋紧相对的两个螺栓，勿使漏气。

（4）加热，并同时打开排气阀，使水沸腾以排除锅内的冷空气。待冷空气完全排尽后，关上排气阀，让锅内的温度随蒸气压力增加而逐渐升高。当锅内压力到所需压力时，控制热源，维持压力至所需时间。本实验用 0.1MPa、121.5℃、20min 灭菌。

（5）灭菌所需时间到后，切断电源，让灭菌锅内温度自然下降，当压力表压力降至"0"时，打开排气阀，旋松螺栓，打开盖子，取出灭菌物品。压力一定要降到"0"时才能打开排气阀，开盖取物。

（6）将取出的灭菌培养基放入 37℃ 恒温培养箱培养 24h，经检查若无杂菌生长，即可待用。

二、培养基的配制

1. 牛肉膏蛋白胨培养基

牛肉膏	1.5g
蛋白胨	3g
NaCl	1.5g
琼脂（半固体）	6g(固体培养基加入 15~20g/L)
蒸馏水	300mL

pH 值调至 7.6。

2. 伊红美蓝培养基

蛋白胨	0.3g
K_2HPO_4	0.6g
乳糖	0.3g
琼脂	6~9g
2%伊红水溶液	6mL
0.5%美蓝水溶液	3.9mL
蒸馏水	300mL

3. 乳糖胆盐发酵培养基

蛋白胨	10g
胆盐	3g

氯化钠	5g
乳糖	5g
质量浓度 16g/L 的溴甲酚紫乙醇溶液	1mL
蒸馏水	1000mL

pH 值调至 7.2~7.4。

实验二十六　接种、纯种分离技术

一、实验目的

（1）掌握纯种分离方法。

（2）学会接种操作。

（3）掌握无菌操作。

二、实验仪器及试剂

（1）水样。生活污水，或活性污泥，或土壤浸出液。

（2）培养基。伊红美蓝培养基（固体）、营养琼脂培养基（固体）。

（3）仪器或其他用具。无菌玻璃涂棒、无菌吸管、接种环、无菌培养皿等。

三、实验原理

从混杂的微生物群体中获得只含有某一种或某一株微生物的过程称为微生物的分离与纯化。

1. 纯种分离方法

稀释平板法、平板划线法、平板涂布法。

2. 接种技术操作

（1）斜面接种；

（2）液体接种；

（3）穿刺接种；

（4）稀释平板涂布法。

常用的接种工具有接种环、接种针、接种钩、玻璃刮刀、移液管、滴管等。

四、实验过程

1. 稀释平板法

（1）取样。用无菌锥形瓶到现场取一定量的活性污泥或土壤带回实验室。

（2）稀释水样。将 1 瓶 90mL 和 5 管 9mL 的无菌水排列好，按 10^{-1}、10^{-2}、10^{-3}、10^{-4}、10^{-5} 及 10^{-6} 依次编号。在无菌操作条件下，用 10mL 的无菌移液管吸取 10mL 水样置于第一瓶 90mL 无菌水中，将移液管吹洗三次，得 10^{-1} 稀释液；用另一无菌移液管吸取上述 10^{-1} 稀释液 1mL 水样，无菌操作转移至 9mL 的试管中，得 10^{-2} 稀释液；依次类推。

（3）平板的制作。用无菌移液管吸取 1mL 或 0.5mL 已经稀释的水样，加入已经灭菌的培养皿内，再将已经溶化并冷却至 50℃ 左右的培养基倒入该培养皿内，注意使培养皿平放，顺时针或反时针转动培养皿，以便培养基和稀释水样充分混合均匀，要迅速混合，待冷凝后便制成平板。

2. 平板划线法

（1）平板的制作。将培养基加热溶化，待冷至 55～60℃ 时，分别倒平板约 15mL，每种培养基倒三皿，然后冷却凝固，并用记号笔标明培养基名称、编号和实验日期。

（2）划线。在近火焰处，左手拿皿底，右手拿接种环，挑取上述 10^{-1} 的悬液一环在平板上划线，同浓度下做三个平行样，其他同。划线的方法很多，但无论采用哪种方法，其目的都是通过划线将样品在平板上进行稀释，使之形成单个菌落。常用的划线方法有以下两种：

1）用接种环以无菌操作挑取悬液一环，先在平板培养基的一边作第一次平行划线 3～4 条；再转动培养皿约 70° 角，并将接种环上剩余菌烧掉，待冷却后通过第一次划线部分作第二次划线；用同样的方法通过第二次划线部分作第三次平行划线，再通过第三次平行划线部分作第四次平行划线。划线完毕后，盖上培养皿盖，倒置于恒温箱培养。

2）将挑取有样品的接种环在平板培养基上连续划线。划线完毕后，盖上培养皿盖，倒置于恒温箱培养。

3. 平板涂布法

（1）平板的制作。

（2）用移液管取稀释菌液。

（3）用玻璃刮刀摊平。

以上均为无菌操作。

五、实验结果

将平板上长出的菌落拍照，并附于实验报告上，对菌落生长情况进行分析。

六、思考题

（1）活性污泥为什么要稀释？

（2）用一根无菌移液管接种几种浓度的水样时，应从哪个浓度值开始，为什么？

（3）你掌握了哪几种接种技术？

（4）叙述 10 倍稀释法的操作过程。

（5）请画出平板划线的四种方案，并标明划线顺序。

（6）怎样制作平板？

（7）如何判断所分离菌种是否是纯种？

实验二十七　细菌菌落总数的测定

一、实验目的

(1) 掌握生活饮用水细菌总数测定方法。
(2) 强化无菌操作技术。

二、实验要求

(1) 测饮用水细菌总数。
(2) 测空气中细菌总数。
(3) 每组三个平行皿、一个空白皿。
(4) 整个实验无菌操作。
(5) 以长出 30~300 个菌落为宜。

三、实验仪器及试剂

(1) 器皿。培养皿若干，移液管 1mL 若干，试管若干。
(2) 试剂。营养琼脂。

四、实验过程

(1) 取样：水龙头→灭菌→放水 5~10min→取样（10mL）。
(2) 饮用水细菌总数测定步骤：

　　三个皿→1mL 水+灭菌营养琼脂→摇匀→37℃，24h
　　一个皿→空白营养琼脂
(3) 空气细菌总数测定步骤：

　　三个皿→营养琼脂→暴露空气中静置 5min→37℃，48h
　　一个皿→空白营养琼脂

$$空气细菌个数 \ c = \frac{1000 \times 50N}{A \times t} \tag{4.27-1}$$

式中　A——面积，cm^2；

N——菌落数，个；

t——暴露时间，min。

五、实验结果

将平板上长出的菌落拍照，并附于实验报告上，对菌落生长情况进行分析和计数。

六、思考题

（1）为什么所用器皿要灭菌？

（2）自来水中有余氯时，取样是否要处理，应如何处理，为什么？

（3）自来水中细菌总数测定的意义是什么，是否可代表所有微生物数目，为什么？

（4）接种后的平板培养基放在恒温培养箱中为什么要倒置？

实验二十八　固废处理——非挥发性固体废物浸出毒性浸出方法

固体废物遇水浸沥，浸出的有害物质会迁移转化，污染环境。这种危害特性称为浸出毒性。固体废物受到淋洗、浸泡后，其中常见的有毒、有害成分包括汞、镉、砷、铅、铜、锌、镍、氰化物、氟化物、硫化物、硝基苯类化合物等，这些有机或无机物会转移到土壤、地表水或地下水中，会导致二次污染。固体废物浸出毒性浸出方法是浸出毒性鉴别时采用的方法。固体废物浸出物质分为挥发性、半挥发性和非挥发性物质，这些物质是后续浸出毒性鉴别的重要判据。本实验以硫酸/硝酸混合溶液为浸提剂，对固体废物（铅锌尾矿、铁尾矿、电镀污泥、脱硫石膏、铬渣等）中非挥发性物质（不包括氰化物）进行浸提。

一、实验目的

掌握以硫酸/硝酸混合溶液为浸提剂的固体废物浸出毒性浸出方法的原理及试验方法。

二、测定原理

本方法以硝酸/硫酸混合溶液为浸提剂，模拟废物在不规范填埋处置、堆存，或经无害化处理后废物的土地利用时，其中的有害组分在酸性降水的影响下，从废物中浸出而进入环境的过程。

三、实验仪器与试剂

1. 实验仪器

（1）振荡设备。转速为（30±2）r/min 的翻转式振荡装置。

（2）提取瓶。2L 具旋盖和内盖的广口瓶，用于浸出样品中非挥发性物质。提取瓶应由不能浸出或吸收样品所含成分的惰性材料制成。分析无机物时，可使用玻璃瓶或聚乙烯（PE）瓶；分析有机物时，可使用玻璃瓶或聚四氟乙烯（PTFE）瓶。

（3）真空过滤器或正压过滤器。容积≥1L。

（4）滤膜。玻纤滤膜或微孔滤膜，孔径 0.6~0.8μm。

（5）pH 计。在 25℃时，精度为±0.05pH。

（6）天平。精度为±0.01g。

（7）烧杯或锥形瓶。玻璃，500mL。

（8）表面皿。直径可盖住烧杯或锥形瓶。

（9）筛。涂 Teflon 的筛网，孔径 9.5mm。

2. 试剂

（1）试剂水。

（2）浓硫酸。优级纯。

（3）浓硝酸。优级纯。

（4）1%硝酸溶液。

（5）浸提剂。将质量比为 2：1 的浓硫酸和浓硝酸混合液加入到试剂水（1L 水约 2 滴混合液）中，使 pH 值为 3.20±0.05。该浸提剂可用于测定样品中重金属和半挥发性有机物的浸出毒性。

四、样品预处理

（1）含水率测定。

称取 50~100g 样品置于具盖容器中，于 105℃下烘干，恒重至两次称量值的误差小于±1%，计算样品含水率。

（2）样品破碎。

样品颗粒应可以通过 9.5mm 孔径的筛，对于粒径大的颗粒可通过破碎、切割或碾磨降低粒径。

五、测定步骤

（1）如果样品中含有初始液相，应用压力过滤器和滤膜对样品过滤。干固体百分率小于或等于 9%的，所得到的初始液相即为浸出液，直接进行分析；干固体百分率大于 9%的，将滤渣按测定步骤（2）浸出后，将初始液相与浸出液混合后进行分析。

（2）称取 150~200g 样品，置于 2L 提取瓶中，根据样品的含水率，按液固比为 10∶1(L/kg) 计算出所需浸提剂的体积，加入浸提剂，盖紧瓶盖后固定在翻转式振荡装置上，调节转速为（30±2）r/min，于（23±2）℃下振荡（18±2）h。在振荡过程中有气体产生时，应定时在通风橱中打开提取瓶，释放过度的压力。

（3）在压力过滤器上装好滤膜，用稀硝酸淋洗过滤器和滤膜，弃掉淋洗液，过滤并收集浸出液，于4℃下保存，用于后续定量分析。

六、注意事项

（1）样品中含有初始液相时，应将样品进行压力过滤，再测定滤渣的含水率，并根据总样品量（初始液相与滤渣重量之和）计算样品中的干固体百分率。

（2）进行含水率测定后的样品，不得用于浸出毒性试验。

（3）样品浸出实验应在表 4.28-1 中所规定的时间内完成。

表 4.28-1 样品的最大保留时间 （d）

物质类别	从野外采集到浸出	从浸出到预处理	从预处理到定量分析	总实验周期
挥发性物质	14	—	14	28
半挥发性物质	14	7	40	61
汞	28	—	28	56
汞以外的金属	180	—	180	360

七、讨论题

（1）以硫酸/硝酸混合溶液为浸提剂的固体废物浸出毒性浸出方法适用的浸提对象有哪些？

（2）如果后续浸出毒性测试中要采用原子吸收法对固体废物浸出液中金属元素汞、镉、铬、铅、砷、铜等进行分析，则配置浸提剂的试剂水应为几级？

实验二十九　固废处理——铁尾矿制备盐碱土改良球团实验

铁尾矿是矿山企业生产过程中产生的固体废弃物，排放量巨大，目前仍无有效的资源化利用方式。尾矿的大量堆存不但对环境造成巨大的破坏，而且存在一定的安全隐患。目前，国内许多大型公司利用自身优势，对工矿企业产生的固体废物进行资源化利用，积极发展综合产业。铁尾矿本身可以作为有用的资源加以利用。尾矿中含有大量的棱角状颗粒，透水、透气性好，可以作为黏质土的改良材料。盐碱土通常质地黏重、透水性较差，洗盐洗碱效果较差。加入铁尾矿后，利用铁尾矿的不规则楞块结构既可以保留大量毛管孔隙，还可构建大量非毛管孔隙和大裂隙；既提高渗透性，利于排水洗盐，又可阻碍毛管水上升，减少盐分累积；能够有效降低土壤盐分，实现盐碱土的持久改良和土壤质地的稳定性。同时，铁尾矿本身性质稳定、资源充足，采用铁尾矿作为盐碱土改良剂，对环境安全、无毒，符合国家固体废物资源化利用政策要求，开发利用铁尾矿作为盐碱土改良剂具有较大的优势。

利用铁尾矿改良盐碱土技术近年来已经在吉林、内蒙古、河北等地开始推广应用。由于铁尾矿粒径细小，在机械化施用过程中产生严重的扬尘现象，因此在实际应用过程中需将其制成 4~6mm 的球团，既便于机械化施用，又可有效降低扬尘现象。

一、实验目的

（1）掌握铁尾矿球团改良剂改良盐碱地的原理及物料成球的基本理论。

（2）了解圆盘造球机结构、掌握铁尾矿制备改良盐碱土改良球团方法。

（3）了解影响圆盘造球机产量和生球质量的因素。

二、铁尾矿球团改良剂制备原理

铁尾矿造球分为球核的形成、母球长大和生球紧密三个阶段。

（1）母球形成。

在圆盘造球机转动中，以滴状水加到铁尾矿中进行不均匀点滴润湿，使铁尾矿局部持水达到毛细水含量阶段，细粒铁尾矿借助毛细力作用被拉向水滴的中心，形成小聚合体，在造球机中受到滚动与碰撞作用而形成母球。

（2）母球长大。

母球长大的条件是其表面的水分含量接近于适宜的毛细水含量，母球在球盘中继续滚动，被进一步压密，使其毛细管形状与尺寸改变，从而将过剩的毛细水挤到球团表面上来，母球表面过湿，进而黏附润湿程度低的铁尾矿颗粒，使母球继续长大，此时需往母球表面喷水使母球表面进一步黏附矿粒长大，不断循环使母球长大成球团。

（3）生球紧密。

生球在长大的同时，由于滚动与搓动的机械力作用，使生球内的铁尾矿颗粒彼此靠近，当生球长大到所需规格时，停止加水加料，让生球继续滚动，利用造球机所产生的机械力，挤出生球内多余的水分，并为润湿程度低的铁尾矿颗粒所吸收，使生球进一步紧密，提高生球机械强度。

三、实验设备

（1）圆盘造球机。盘径 500mm，盘高 180mm，倾角 45°~55° 可调，转速 10~20r/min 可调。

（2）台秤、电子天平。

（3）生球落下实验架。

四、原料

铁尾矿，添加剂（膨润土），水。

五、实验步骤

（1）配料。

称取一定量风干铁尾矿（粒径 2~50μm 组分大于 70%），加入适量添加剂（膨润土，3%~4%），混合后，添加适量水（铁尾矿和膨润土总量的 6%~8%），充分混合均匀，然后焖料 30min。

（2）造球。

启动造球机，取混合料约 200g 左右加入造球盘中，调整造粒机倾角和转速，造粒过程中采用喷雾器将水均匀加到混合料表面使其形成球核，控制造母球时间 2~3min；继续向母球表面喷加雾状水，并在润湿母球表面添加物料，使母球不断长大，控制造生球 8~10min，生球粒径约 6~8mm；然后停止加水加料，生球在造球盘内在继续转动 2min，使生球得到紧密，然后用小铲取出生球。

（3）筛分。

用 6mm 的筛子筛分生球，+6mm 的生球为合格生球。

（4）生球强度测试。

取 10 个大小均匀的合格生球分别做落下强度（500mm 高落下次数），取平均值为生球的落下强度指标。

六、实验结果

将实验参数及结果记录在表 4.29-1 中。

表 4.29-1　实验数据

铁尾矿量 /g	黏结剂 /g	原料含水量/%	造母球 时间/min	造生球 时间/min	生球粒度 /mm	落下次数 /次

七、问题与讨论

（1）铁尾矿资源化利用的方式有哪些？

（2）分析水、物料性质及添加剂对造球过程的影响。

实验三十　固废处理——电动修复铬污染土壤实验

一、实验目的

（1）了解电动修复原理。

（2）掌握电动装置的结构及电动修复的操作过程。

二、电动修复原理

当电极插入受污染土壤并通入直流电时就会发生动电效应，包括电渗流、电迁移、电泳和自由扩散等现象。其中电渗流是土壤中的孔隙水在电场中从一极向另一极的定向移动，土壤中非离子态污染物会随着电渗流移动而被去除；电迁移是离子或络合离子向相反电极的移动，溶于地下水中的带电离子主要是通过该方式迁移和去除；而电泳是电渗的镜像过程，即带电粒子或胶体在直流电场作用下的迁移，被牢固吸附于可移动颗粒上的污染物主要通过该方式去除。在电渗、电迁移、自由扩散和电泳4种动电现象中，电渗流和电迁移直接影响着土壤修复的效果。

土壤电动修复，是在土壤中插入电极，然后通以直流电，土壤中的污染物在电场的作用下通过电迁移、电渗、电泳等方式向电极迁移，从而得到去除的方法。

电动修复过程中土壤污染物的迁移如图4.30-1所示。

三、实验仪器及试剂

1. 仪器

（1）电动实验装置。装置由土壤室、电极储液池、电极、直流电源等组成。整个装置主体由有机玻璃构成，总长度300mm，宽和高为80mm，中间土壤室的长度为200mm。所用石墨电极为板状电极，高100mm、宽80mm、厚10mm。

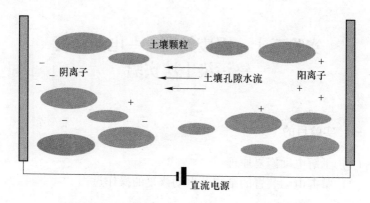

图 4.30-1　电动修复过程中土壤污染物的迁移

电动反应装置如图 4.30-2 所示。

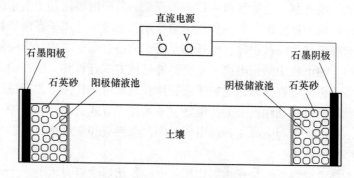

图 4.30-2　电动反应装置

（2）原子吸收分光光度计。

（3）pH 计。

（4）聚四氟乙烯坩埚。

（5）电热板。

（6）离心机。

（7）电磁搅拌器。

2. 试剂

（1）盐酸（HCl）。

（2）1+1盐酸溶液。

（3）硝酸（HNO_3）。

（4）氢氟酸（HF）。

（5）10%氯化铵水溶液。准确称取10g氯化铵（NH_4Cl），用少量水溶解后全量转移入100mL容量瓶中，用水定容至标线，摇匀。

（6）铬标准储备液（1.0mg/mL）。准确称取0.2829g基准重铬酸钾（$K_2Cr_2O_7$），用少量水溶解后全量转移入100mL容量瓶中，用水定容至标线，摇匀，冰箱中2～8℃保存，可稳定6个月。

（7）铬标准使用液（50mg/L）。移取铬标准储备液（1.0mg/mL）5.0mL于100mL容量瓶中，加水定容至标线，摇匀，临用时现配。

（8）高氯酸（$HClO_4$）。

（9）碱提取液。称取20.0gNaOH和30.0g Na_2CO_3溶于去离子水，定容至1L，密封在聚乙烯瓶中于20～25℃条件下可存放1个月。

（10）磷酸缓冲溶液。称取87.09g K_2HPO_4和68.04g KH_2PO_4溶于700mL去离子水，定容至1L。

四、实验步骤

称取1500g高岭土，以1：0.4的土水比加入重铬酸钾（$K_2Cr_2O_7$）溶液，用塑料铲搅拌均匀，使土壤Cr（Ⅵ）含量为1000mg/kg。按照图4.30-2所示构建反应单元，在储液槽与土壤室之间添加一层滤纸，将土壤与填充介质分隔开，小心地将铬污染土壤逐层装入土壤室，并稳定培养24h。然后同时向两个电极储液槽中添加去离子水，两个储液槽的液面高度保持一致，以防止在土壤中形成水力梯度，然后通以直流电（电压控制在15～30V之间）。随时向阳极液添加去离子水以保持恒定的液面高度，每隔12h更换电极储液槽内工作液。电动修复结束后，将土壤室从阳极到阴极依次划分为1号、2号、3号、4号和5号五个等份，测定每个部分的pH值、六价铬和总铬的含量。

五、测定

1. 土壤中总铬待测液的制备

准确称取 0.5g（精确至 0.0002g）试样于 50mL 聚四氟乙烯坩埚中，用水润湿后加入 10mL 盐酸，在通风橱内的电热板上低温加热，使样品初步分解，待蒸发至约剩 3mL 时，取下稍冷，然后加入 5mL 硝酸、5mL 氢氟酸、3mL 高氯酸，加盖后于电热板上中温加热 1h 左右，然后开盖，电热板温度控制在 150℃，继续加热除硅，为了达到良好的飞硅效果，应经常摇动坩埚。当加热至冒浓厚高氯酸白烟时，加盖，使黑色有机碳化物分解。待坩埚壁上的黑色有机物消失后，开盖，驱赶白烟并蒸至内容物呈黏稠状。视消解情况，可再补加 3mL 硝酸、3mL 氢氟酸、1mL 高氯酸，重复以上消解过程。取下坩埚稍冷，加入 3mL 的 1+1 盐酸溶液，温热溶解可溶性残渣，全量转移至 50mL 容量瓶中，加入 5mL 的 10% 氯化铵水溶液，冷却后用水定容至标线，摇匀，即为待测消解液。

用去离子水代替试样，采用和消解液制备相同的步骤和试剂，制备全程序空白溶液，每批样品至少制备 2 个以上的空白溶液。

2. 土壤中六价铬待测液的制备

准确称取 2.500g 混合均匀的土壤样品于消解管中，加入 50mL 碱提取液、0.4g $MgCl_2$ 和 0.5mL 磷酸缓冲溶液；同时设一个不加土壤样品，其余药品同上的空白。在室温下持续搅拌样品至少 5min，然后在 90～95℃ 条件下搅拌加热 1h，加热期间避免样品溅出、沸腾或蒸干。待溶液冷却至室温后，用去离子水定容至 50mL，离心 3min，将上清液转移至烧杯中。在持续搅拌条件下向烧杯中缓慢滴加浓硝酸，调节消解液 pH 值在 7.0～8.0 之间，用去离子水将消解液定容至 100mL，即为六价铬待测消解液。

3. 标准曲线制备

准确移取铬标准使用液 0mL、0.50mL、1.00mL、2.00mL、3.00mL、4.00mL 于 50mL 容量瓶中，然后，分别加入 5mL 的 10% NH_4Cl 溶液、3mL 的 1+1 盐酸溶液，用水定容至标线，摇匀，其铬的质量浓度分别为 0mL、0.50mL、1.00mL、2.00mL、3.00mL、4.00mg/L。此质量浓度范围应包括待测液中铬的质量浓度。按表4.30-1中的仪器测量条件用原子吸收分光光度计由低到高质量浓度顺序测定标准溶液的吸光度。用减去空白的吸光度与相对应的铬的质量浓度（mg/L）绘制校准曲线。

表4.30-1　仪器测量条件

元　　素	Cr
测定波长/nm	357.9
通带宽度/nm	0.7
火焰性质	还原性
次灵敏线/nm	359.0；360.5；425.4
燃烧器高度/mm	8（使空心阴极灯光斑通过火焰亮蓝色部分）

4. 待测液测定

取适量消解液，按与配置标准曲线相同条件测定消解液的吸光度。由吸光度值在校准曲线上查得铬质量浓度。每测定约 10 个样品要进行一次仪器零点校正，并吸入 1.00mg/L 的标准溶液检查灵敏度是否发生了变化。

六、结果计算

土壤样品中铬的含量 $w(mg/kg)$ 按式（4.30-1）计算：

$$w = \frac{\rho \times V}{m \times (1-f)} \tag{4.30-1}$$

式中　ρ——待测液的吸光度减去空白溶液的吸光度，然后在校准曲线上查得铬的质量浓度，mg/L；

V——待测液定容的体积，mL；

m——称取试样的重量，g；

f——试样中水分的含量，%。

土壤不同部位六价铬和总铬的去除率按式（4.30-2）和式（4.30-3）计算：

$$六价铬去除率 = (Cr_{1号}^{6+} + Cr_{2号}^{6+} + Cr_{3号}^{6+} + Cr_{4号}^{6+} + Cr_{5号}^{6+})/5000 \times 100\%$$

$$(4.30-2)$$

$$总铬去除率 =(Cr_{总1号} + Cr_{总2号} + Cr_{总3号} + Cr_{总4号} + Cr_{总5号})/5000 \times 100\%$$

$$(4.30-3)$$

式中，$Cr_{1号}^{6+} \sim Cr_{5号}^{6+}$ 分别为 1 号~5 号土壤六价铬含量；$Cr_{总1号} \sim Cr_{总5号}$ 分别为 1 号~5 号土壤总铬含量。

分别将土壤 pH 值、六价铬和总铬测定结果计入表 4.30-2 中。

表 4.30-2　实验数据

指　标	1 号	2 号	3 号	4 号	5 号
pH 值					
六价铬/mg·kg^{-1}					
总铬/mg·kg^{-1}					

七、问题与讨论

（1）电动修复结束后土壤不同部位 pH 值、六价铬和总铬含量有什么变化？

（2）总铬和六价铬之差是什么？

（3）电动修复适合修复土壤中哪些污染物？

实验三十一 固废处理——摇床分选

一、实验目的

(1) 掌握摇床的构造及操作方法。

(2) 掌握干式圆盘强磁选机的构造及操作方法。

(3) 掌握摇床分选原理。

二、实验原理

在倾斜床面上，利用床面的不对称往复运动和薄层斜面水流的综合作用，使细粒固废按密度差异在床面上呈扇形分布，从而达到分选的目的。

三、设备及物料

(1) 矿砂摇床，规格 1000mm×450mm。

(2) 物料。菱镁矿和黑钨矿混合物料 2 份（每份 2kg）：一份用作准备实验，一份用作正式实验。物料中黑钨矿占 30%。

四、实验步骤

(1) 观察摇床的构造。传动机构、支撑形式、床条的形状及分布，冲程、冲次及横向倾角的调节方法。

(2) 将实验用的混合物料放入盆内，以少量水润湿。

(3) 打开给水管，冲洗水管，使水铺满床面，开动机器。

(4) 预备实验。用一份料从给矿槽均匀给入，调节冲水量、给水量及床面倾角，观察发生的变化，当条件适宜时，物料在床面上呈扇形分布后，停止机器运转。水量及倾角大小不要变动。

(5) 正式实验。在已确定的适宜的条件下，将已润湿的另一份物料从给矿槽均匀给入，并记下实际给矿的起止时间，给矿完毕分别收集好各产品。并将操作条件记录在表 4.31-1 中。

将各产品分别澄清、烘干、称重，并用干式圆盘强磁选机将黑钨矿与菱镁矿分离。

五、数据计算

按式（4.31-1）~式（4.31-3）分别计算摇床分选指标，并填入表4.31-2中。

产物的产率：

$$\gamma_{精} = \frac{精矿重量}{精矿重量 + 中矿重量 + 尾矿重量} \times 100\% \quad (4.31-1)$$

$\gamma_{中}$、$\gamma_{尾}$仿式（4.31-1）计算。

产物中重产物（黑钨矿）所占百分量（以β表示）

$$\beta_{精} = \frac{黑钨矿重量}{精矿重量} \times 100\% \quad (4.31-2)$$

$\beta_{中}$、$\beta_{尾}$仿该式计算。

产物中重产物（黑钨矿）回收率：

$$\varepsilon_{精} = \frac{\gamma_{精}\beta_{精}}{\gamma_{精}\beta_{精} + \gamma_{中}\beta_{中} + \gamma_{尾}\beta_{尾}} \times 100\% \quad (4.31-3)$$

$\varepsilon_{中}$、$\varepsilon_{尾}$仿式（4.31-3）计算。

将记录及计算的有关数据分别填入表4.31-1、表4.31-2中，实际中物料量损失不准超过3%。

表 4.31-1　摇床分选适宜的试验条件

处理量 /kg·h^{-1}	给矿时间 /min	给水量 /mL·s^{-1}	冲水量 /mL·s^{-1}	冲程 /mm	冲次 /次·min^{-1}	倾角度 /(°)	备注

表 4.31-2　摇床分选结果

产品名称	质量/g	产率 γ/%	重产物 质量/g	重产物所占 百分率 β/%	回收率 ε/%
原矿					
精矿					

产品名称	质量/g	产率 γ/%	重产物质量/g	重产物所占百分率 β/%	回收率 ε/%
中矿					
尾矿					

六、讨论

（1）叙述实验过程中观察的物料在床面上粒度分布情况。

（2）讨论并说明冲水量和倾角对物料在床面上扇形分布的影响。

实验三十二　固废处理——磁力分选

一、实验目的

（1）熟悉利用固体废物中各种物质的磁性差异，在非均匀磁场中进行磁选的原理。

（2）了解弱磁选设备、磁选设备的构造，分选原理、使用条件和操作方法。

（3）掌握和学会弱磁选设备——磁选管的实际操作和调节。

二、磁选原理

磁选是利用固废中各种物质的磁性差异在不均匀磁场中进行分选的一种处理方法。固体废物颗粒通过磁选机的磁场时受到磁力和机械力（重力、摩擦力、流动阻力、静电引力等）作用，由于作用在磁性颗粒（$f_磁 > f_机$）与非磁性颗粒（$f_磁 < f_机$）上的力不同，使它们的运动轨迹也不同，从而实现分选。

据固废比磁化系数（单位体积物质在标准磁场内受力的大小）x_0 的大小，可将其分为：

强磁性物质：$x_0 = (7.5 \sim 38) \times 10^{-6} \, \text{m}^3/\text{kg}$。

弱磁性物质：$x_0 = (0.19 \sim 7.5) \times 10^{-6} \, \text{m}^3/\text{kg}$。

非磁性物质：$x_0 < 0.19 \times 10^{-6} \, \text{m}^3/\text{kg}$。

三、设备及用具

（1）磁选管，规格 $\phi 50\text{mm}$。

（2）500g 盘架天平。

（3）硒整流器。

（4）烧杯、洗耳球、制样用具等。

（5）实验用固废试样。

四、实验步骤

（1）熟悉磁选管构造，连接好冲洗水管，给恒压水箱装满水。通过硒整流器将直流电调到所需磁场强度。

（2）将磁选管充满水，但不要溢水。

（3）取 10~20g 试样放在烧杯中搅拌，开动机器，将试样徐徐加到与磁选管相通的漏斗里。试样中的磁性部分颗粒被吸附在磁极附近的管壁上，而非磁性部分随水流由下端排出，注意保持管内水位平衡（水面高于磁极面），选至管内水清为止，停止设备运转，将管内水放掉，并用水冲净非磁性部分，再将磁选管的下端封闭，切断直流电流，管内充水，然后排出磁性产品。

（4）将所得磁性产品和非磁性产品分别脱水，烘干称重，取样化验，并将计算结果填入表 4.32-1 中。

表 4.32-1 磁力分选结果

产品名称	质量/g	产率 γ/%	品位 β/%	备注
磁性产品				
非磁性产品				
合计（混合试样）				

产物的产率：

$$\gamma_{磁} = \frac{磁性产品}{混合试样} \times 100\% \qquad (4.32-1)$$

$\gamma_{非磁}$ 仿式（4.32-1）计算。

五、问题与讨论

简要叙述磁力分选原理。

实验三十三　固废处理——浮选实验

一、实验目的

（1）熟悉根据固体废物各组分表面性质的不同而进行浮力分选的原理。

（2）了解各药剂的作用机理，学会正确使用。

（3）学会小型球磨机、浮选机的使用及浮选试验的操作、调节、分选过程。

二、浮选原理

浮选是在固体废物与水调制的料浆中，加入浮选药剂，并通入空气形成无数细小气泡，使欲选物质颗粒黏附在气泡上，随气泡上浮于料浆表面成为泡沫层，然后刮出回收；不浮的颗粒仍留在料浆内，通过适当处理后废弃。

在浮选过程中，固体废物各组分对气泡黏附的选择性，是由固体颗粒、水、气泡组成的三相界面间的物理化学特性决定的。其中比较重要的是物质表面的润湿性。

固体废物中有些物质表面的疏水性较强，容易黏附在气泡上，而另一些物质表面亲水，不易黏附在气泡上。物质表面的亲水、疏水性能，可以通过浮选药剂的作用而加强。在浮选工艺中正确选择、使用浮选药剂是调整物质可浮性的主要外因条件。

三、设备及用具

（1）浮选机、球磨机、秒表、天平、过滤机、干燥箱、电炉、注射器、pH试纸等。

（2）药剂。氧化石蜡皂、塔尔油、碳酸钠。

（3）试样。0~2mm含假象赤铁矿的固废试样，每份200~300g。

四、实验步骤

具体实验流程如图 4.33-1 所示。

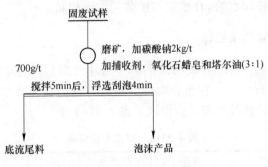

图 4.33-1 浮选实验流程

1. 配药

配制捕收剂——氧化石蜡皂和塔尔油（3：1）药液，药剂浓度为 10%，使用药温 60℃。pH 值调整剂——碳酸钠药液，浓度为 10%。

2. 磨矿

（1）清洗球磨机。往磨机中加入少量水，盖上盖磨 5～10min，停机，用水冲洗净球磨机筒壁、盖及钢球。

（2）用量筒量取磨矿用水，磨矿浓度为 67%。

（3）倒入固废样及磨矿用水，将盖盖严后磨矿，并记录磨矿时间。

（4）试样磨完后将盖打开，倒出矿浆，并用少量水，分次冲净残余矿浆试样。

3. 浮选

将浮选槽及其用品冲洗，装好待用。

（1）开动浮选机，将矿浆倒入槽内，调整好液面，加药并搅拌 5min。

（2）测定矿浆 pH 值及温度，然后按流程要求进行浮选操作刮泡 4min。

本实验浮选矿浆温度要求在 33~37℃ 之间，即将矿浆加热到 33~37℃进行浮选，补加水也必须控制温度，以保证浮选在 33~37℃ 之间进行，补加水的 pH 值应与矿浆的大致相同。

五、实验结果处理

浮选完毕，将已分离的铁精矿（泡沫产品）及尾矿（底流废弃物）分别进行烘干、称重，取样，然后将样品送去化学分析，按化验结果进行计算并将有关数据填入表 4.33-1 中。

表 4.33-1　浮选实验结果

产品名称	质量/g	产率/%	品位/%	备注
铁精矿				
尾矿				
原试样				

六、讨论题

简述浮选的工作原理。影响浮选效果的因素有哪些？

实验三十四　固废处理——废镁砖回收处理氮磷废水实验

镁砖的主要成分为氧化镁，一般氧化镁含量在90%以上。镁砖作为一种重要的保温耐火材料，广泛应用于炼钢转炉、电炉炉底和炉墙、有色金属冶炼炉、高温隧道窑、水泥回转窑内衬、加热炉炉底和炉墙、玻璃窑蓄热室格子砖等。每年由于破损、维修更换下来的废镁砖量很大。由于镁砖中的氧化镁为碱性，具有腐蚀性，对周围土壤、地下水、土壤微生物及植物产生直接或间接危害，造成土壤理化性质恶化、生产力降低，因此，废镁砖的回收及资源化利用对于环境保护具有十分重要的意义。

一、实验目的

（1）熟悉废镁砖的回收处理过程。

（2）掌握磷铵镁共沉淀法去除废水中氮磷的原理、方法及操作过程。

二、实验原理

对于氮磷含量较高的生产废水，向其中加入适量的镁，利用磷铵镁共沉淀法去除氮、磷，生成磷铵镁（magnesium ammonium phosphate，MAP）结晶。其反应式为：

$$Mg^{2+} + NH_4^+ + PO_4^{3-} + 6H_2O \longrightarrow MgNH_4PO_4 \cdot 6H_2O \downarrow$$

$$（溶度积 2.51 \times 10^{-13}，25℃）$$

反应过程受 Mg^{2+}、NH_4^+、PO_4^{3-} 的比例及环境条件影响，其中的镁可以用加热炉、电炉、平炉、隧道窑生产过程中更换下来的废弃镁砖来代替，生成磷铵镁结晶可以缓慢地向环境中释放氮、磷，是一种缓释复合肥，可以实现资源化利用。

三、实验仪器与试剂

1. 实验仪器

（1）小型实验用高速粉碎机（图 4. 34-1）。

（2）六联自动搅拌升降机。

（3）带氮球的定氮蒸馏装置。

（4）500mL 凯氏烧瓶。

图 4. 34-1　MGS 高速粉碎机

2. 试剂

（1）1mol/L 盐酸溶液（调节水样 pH 值）。

（2）1mol/L 氢氧化钠溶液（调节水样 pH 值）。

（3）轻质氧化镁。

（4）0.05％溴百里酚蓝指示液。

（5）吸收液。硼酸溶液，20g 硼酸溶于水，稀释至 1L。

（6）混合指示剂。200mg 甲基红溶于 100mL 95％乙醇；另称取 100mg 亚甲蓝溶于 50mL 95％乙醇。以两份甲基红溶液与一份亚甲蓝溶液混合后供用。

（7）碳酸钠溶液（浓度 0.5g/500mL）。

（8）硫酸标准溶液（$1/2H_2SO_4 = 0.020mol/L$）。分取 5.6mL（1+9）硫酸溶于 1000mL 容量瓶中稀释至标线，混匀。按下述操作进行标定：

称取经 180℃ 干燥 2h 的基准试剂级无水碳酸钠（Na_2CO_3）约 0.5g(准确至 0.0001g) 溶于新煮沸放冷的水中，移入 500mL 的容量瓶中，稀释至标线。移取 25.0mL 碳酸钠溶液于 150mL 锥形瓶中，加 25mL 水，加 1 滴 0.05% 甲基橙指示液，用硫酸溶液滴定至淡红色为止。记录用量，根据下式计算硫酸溶液的浓度：

$$c(1/2H_2SO_4，mol/L) = \left[(W \times 1000)/(V \times 52.995)\right] \times (25/500)$$

$$(4.34-1)$$

式中　W——碳酸钠的重量，g；

　　　V——硫酸溶液的体积，mL。

（9）0.05% 甲基橙指示剂。

（10）（1+1）硫酸。

（11）10% 抗坏血酸溶液。溶解 10g 抗坏血酸于水中，稀释至 100mL，转移至棕色玻璃瓶中，该试剂可在 4℃ 条件下保存 4 周。

（12）钼酸盐溶液。溶解 13g 钼酸铵（$(NH_4)_6Mo_7O_{24} \cdot 4H_2O$）于 100mL 水中。溶解 0.35g 酒石酸锑氧钾（$K(SbO)C_4H_4O_6 \cdot 1/2H_2O$）于 100mL 水中。在不断搅拌条件下，将钼酸铵溶液缓缓加到 300mL（1+1）硫酸中，加入酒石酸锑氧钾溶液并混合均匀。转移至棕色玻璃瓶中，该试剂可在 4℃ 条件下稳定保存 2 个月。

（13）磷酸盐储备液。取优级纯磷酸二氢钾（KH_2PO_4）在 110℃ 条件下干燥 2h，在干燥器中放冷。然后称取 0.2197g 溶于水，移到 1000mL 容量瓶中。加（1+1）硫酸 5mL，用水稀释至标线。此溶液每毫升含 50μg 磷（以 P 计）。

（14）磷酸盐标准液。取 10.0mL 磷酸盐储备液移到 250mL 容量瓶中，稀释至标线。此溶液每毫升含 2.0μg 磷。

四、实验步骤

（1）镁砖粉的制备。取加热炉（或隧道窑等）破损更换下来的废镁砖碎屑，采用高速粉碎机将废镁砖（氧化镁含量>90%）碎屑粉碎，过 300 目筛。

（2）氮磷模拟废水的配置。准确称取 1.000g 氯化铵和 6.695g 十二水磷酸氢二钠，倒入一个 5L 的容器内，先加少量去离子水搅拌，待其完全溶解后，定容至 5L，此时氯化铵的浓度为 200mg/L，N/P 摩尔配比为 1：1。

（3）取 6 个 500mL 大烧杯，向其中分别加 N/P 摩尔配比为 1：1 的模拟废水 500mL；然后分别称取质量为 0.4g、0.8g、1.2g、1.6g、2.0g、2.4g 的镁砖粉，然后同时加到 6 个大烧杯中，放到八联自动升降搅拌机上搅拌 30min，然后静置 15min，取上清液测定溶液 pH 值、NH_4、P 含量。

五、测定

（1）氨氮测定采用蒸馏滴定法测定。

（2）磷的测定采用钼锑抗分光光度法。

具体步骤为：

（1）绘制标准曲线。取 7 支 50mL 具塞比色管，分别加入 0mL、0.5mL、1.0mL、3.0mL、5.0mL、10.0mL 和 15.0mL 磷酸盐标准液，稀释至 50mL 标线。然后加入 1mL10% 的抗坏血酸溶液，摇匀。30s 后加入 2mL 钼酸盐溶液，摇匀后静置 15min。然后用 10mm 或 30mm 比色皿，在 700nm 波长处，以零浓度溶液为参比，测量吸光度。

（2）水样测定。取适量经膜过滤的水样（含磷量不超过 30μg）加入 50mL 比色管中，稀释至 50mL 标线。按与绘制标准曲线相同的步骤进行显色和测量。

其计算式为：

$$磷酸盐(P, mg/L) = \frac{m}{V} \tag{4.34-2}$$

式中　m——由标准曲线查得的磷量，μg；

　　　V——水样体积，mL。

六、数据处理与计算

（1）计算水样的氨氮去除率（%）。

$$氨氮去除率 = (氨氮_{原水} - 氨氮_{处理后}) / 氨氮_{原水} \times 100\%$$

$$(4.34-3)$$

（2）计算水样的磷去除率（%）。

$$磷去除率 = (磷_{原水} - 磷_{处理后}) / 磷_{原水} \times 100\% \quad (4.34-4)$$

（3）绘制镁砖粉添加量与氨氮去除率和磷酸盐去除率的关系图，并确定镁砖粉的最佳添加量。

七、讨论

（1）废镁砖对环境的危害有哪些？

（2）根据镁砖粉添加量与氨氮去除率和磷去除率的关系图能得出什么结论？

参 考 文 献

［1］李志西，杜双奎．试验优化设计与统计分析［M］．北京：科学出版社，2010.

［2］魏学峰，汤红妍，牛青山．环境科学与工程实验［M］．北京：化学工业出版社，2018.

［3］孙杰，陈绍华，叶恒朋，等．环境工程专业实验［M］．北京：科学出版社，2018.

［4］徐爱玲．环境工程微生物实验技术［M］．北京：中国电力出版社，2017.

［5］廖润华，朱兆连，刘媚．环境工程实验指导教程［M］．北京：中国建材出版社，2017.

［6］王娟．环境工程实验技术与应用［M］．北京：中国建材出版社，2016.

［7］邢世录，包俊江．环境噪声控制工程［M］．北京：北京大学出版社，2013.

［8］李兆华，康群，胡细全．环境工程实验指导［M］．北京：中国地质大学出版社，2011.

［9］代群微，等．环境工程微生物学实验［M］．北京：化学工业出版社，2010.

［10］奚旦立，孙裕生．环境监测［M］．北京：高等教育出版社，2010.

［11］洪宗辉．环境噪声控制工程［M］．北京：高等教育出版社，2010.

［12］尹奇德，王利平，王琼．环境工程实验［M］．武汉：华中科技大学出版社，2009.

［13］徐非，谢争．污染土壤中六价铬的测定［J］．环境监测管理与技术，2008，20（5）：41-43.

［14］苑宝玲，李云琴．环境工程微生物学实验［M］．北京：化学工业出版社，2006.

［15］郑平．环境微生物学实验指导［M］．杭州：浙江大学出版社，2005.

［16］国家环保局，《水和废水监测分析方法》编委会．水和废水监测分析方法［M］．北京：中国环境科学出版社，2002.

冶金工业出版社部分图书推荐

书 名	作 者	定价(元)
环境保护概论（本科教材）	吴长航	39.00
钢铁冶金过程环保新技术（本科教材）	何志军	35.00
有色冶金环保与资源综合利用（本科教材）	李林波	45.00
水污染控制工程（第3版）（本科教材）	彭党聪	49.00
环保机械设备设计（本科教材）	江 晶	55.00
污水处理技术与设备（本科教材）	江 晶	35.00
固体废处理处置技术与设备（本科教材）	江 晶	38.00
大气污染治理技术与设备（本科教材）	江 晶	40.00
水处理工程实验技术（本科教材）	张学洪	39.00
环境监测与实训（本科教材）	邹美玲	20.00
城市小流域水污染控制	王敦球	42.00
钢铁工业废水资源回用技术与应用	王绍文	68.00
冶金过程废水处理与利用	钱小青	30.00
工业废水处理工程实例	张学洪	28.00
焦化废水无害化处理与回用技术	王绍文	28.00
高浓度有机废水处理技术与工程应用	王绍文	69.00
固体废弃物污染控制原理与资源化技术	徐晓军	39.00
冶金企业废弃生产设备设施处理与利用	宋立杰	36.00
冶金企业污染土壤和地下水整治与修复	孙英杰	29.00